TRAVAUX

A FAIRE CHAQUE MOIS DE L'ANNÉE

DANS LES

JARDINS ET LES SERRES

POUR LA RÉGION NORMANDE

PAR

Paul TEINTURIER

Secrétaire-adjoint de la *Société centrale d'Horticulture de la Seine-Inférieure.*

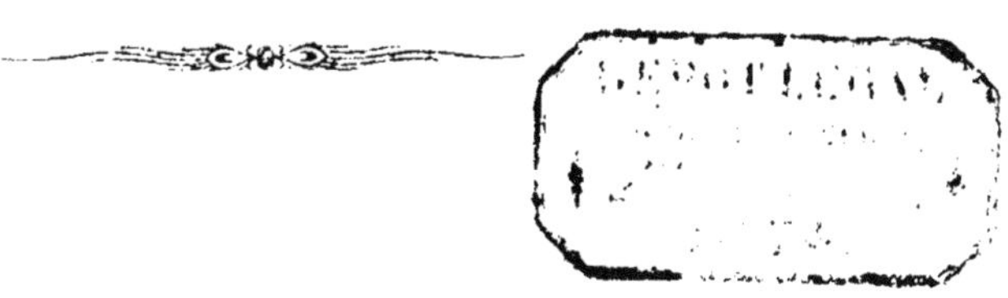

Toute reproduction est interdite.

—

1874.

La Société centrale d'Horticulture de la Seine-Inférieure, dans sa séance du 7 janvier 1873, voulut bien accueillir favorablement la proposition que je lui fis, de signaler chaque mois, par une lecture, les divers travaux mensuels a exécuter dans les jardins sous le climat de la Normandie.

M. le Président me fit l'honneur de mettre cette lecture à l'ordre du jour des séances du dimanche de l'année 1873.

Encouragé par ce témoignage de bienveillance et guidé par les connaissances pratiques de mon père, j'ai fait tout mon possible pour que ce travail élémentaire, destiné spécialement aux personnes peu initiées aux travaux du jardinage, leur soit utile.

Les indications qui suivront sont traitées pour chaque mois et comprendront :

1° Les semis et les principaux travaux à faire dans le jardin potager ;

2° Les opérations du jardin fruitier ;

3° Les semis et les soins à donner au jardin d'ornement ;

4° Les travaux journaliers de l'orangerie et des serres.

Celui qui voudra bien consulter ces renseignements, devra tenir compte des diverses expositions, de la nature des terrains, et les appliquer suivant les conditions dans lesquelles il se trouvera.

PAUL TEINTURIER.

TRAVAUX HORTICOLES

A exécuter chaque mois de l'année dans la région normande.

JANVIER.

JARDIN POTAGER.

Plein air. — En janvier, la nature se trouvant complètement en repos, il est peu de travaux à mentionner; c'est en songeant aux cultures prochaines, que nous conseillons de semer des Fèves de marais vers le milieu du mois; les rangs sont espacés de 0m,30 et les grains de 0m,10 entr'eux, telles sont les Fèves picardes, les Windsor vertes et blanches, qui ont la propriété de rester tendres longtemps, de même les longues cosses, variété très-productive et précoce, et enfin, la naine hâtive qui offre l'avantage de pouvoir se mettre devant les espaliers; lorsqu'elles seront sorties de terre, si le temps menace d'être froid, on aura soin de les rechausser préférablement avec du terreau, ou de les couvrir avec de la litière.

Les Pois précoces nains et à rames, se sèment à raison de 30 pois par mètre de longueur, soit en moyenne un décilitre pour 10 mètres. Les rangs se groupent par deux à 0m,60 de distance et 0m,35 entr'eux. Un terrain nouvellement engraissé avec du fumier d'étable ou d'écurie est contraire à leur végétation. Ils préfèrent un terrain neuf ou en jachères depuis quelque temps ; si le sol semble trop maigre, on aura recours aux engrais qui influent d'une manière efficace sur leur production, c'est-à-dire au terreau de feuilles ou bien aux cendres de bois.

Les personnes qui auront à planter des Asperges, devront en ouvrir les fosses dans le courant du mois; elles seront de 0,30 de profondeur dans les terrains argileux, et dans les terrains secs, elles en auront 0,40 sur 0,40 de largeur. Les rangs seront à 1 mètre de distance. Lorsque nous serons à la plantation dans les mois suivants, nous continuerons la préparation des fosses.

Les Artichauts, qui craignent beaucoup l'humidité, demandent, lorsque la température le permet, à être découverts.

Plusieurs jours sans gelée permettent de hasarder quelques graines d'ognons dans les plates-bandes les mieux abritées.

Les seuls travaux que la pleine terre réclame sont les défoncements et les gros labours qui doivent être achevés en janvier. La gelée et l'air pénètrent plus aisément dans le sol après un labour grossier, ce qui assainit considérablement la terre pour les cultures prochaines. Il faut se bien garder d'y toucher en temps pluvieux. On profitera du moment où la terre sera gelée pour transporter les fumiers partout où besoin sera.

Culture forcée. — C'est ordinairement en janvier que le froid est le plus à craindre; les soins que réclament les couches sont la principale occupation de l'époque.

Sous cloches ou châssis, on sème : les premières Carottes, telles que la rouge courte hâtive et la demi-longue. Il vaut mieux semer trop serré que trop clair. Dès l'ensemencement les Carottes demandent à être tenues humides. Nos maraîchers ont l'habitude d'y mêler quelques graines de Radis, de préférence, le rose rond hâtif, le demi-long rose vif, à bout blanc, et le blanc. Ils devront être récoltés de bonne heure, pour faire place aux Carottes.

Quelques graines d'Epinards pourront se mêler avec les Laitues, Crêpe, Gotte, Romaine, Palatine, qui déjà ont été repiquées.

On sèmera du Poireau gros court de Rouen pour avoir du plant à repiquer de bonne heure. L'Ognon peut aussi être semé à la même époque, car dans les jardins maraîchers il est plus repiqué d'Ognon qu'il en est semé sur place.

C'est le moment de faire des pois nains sous châssis. Le Pois Gontier, le Pois de Bretagne et le Beck's-Gem, sont de très-bonnes variétés pour cette culture forcée. On place 5 à 6 grains par bouquets distancés de 0,15 cent.

On plantera également sur couche la Pomme de terre marjolin ou kidney hâtive et les rondes précoces. Elles se placent à 0,25 de distance.

On fera des Haricots nains sous châssis, les variétés nain hâtif de Hollande, Duclos, noir de Belgique, Flageolet vert, sont les plus précoces.

Veut-on récolter des Asperges de bonne heure, on prendra du plant âgé de 4 à 5 ans au moins que l'on mettra sur couche chaude recouverte de 0,20 cent. de terreau, pour avoir 15 à 20 jours après la production.

Le mois de janvier doit être utilisé pour réparer les pertes que le mauvais temps à fait subir aux plants de Choux et de Choux fleurs. En cette circonstance on sème sur couche les Choux petit d'York, Cœur-de-Bœuf petit, et Chou fleur demi-dur pour se faire du plant.

C'est la véritable époque pour les semis de Melon noir des Carmes, Cantaloup Prescott fond blanc. On sème chaque graine dans un petit pot que l'on enterre dans la couche, on en surveillera le plant en donnant de la lumière pour qu'il ne s'étiole pas.

Enfin, on sèmera du Persil, du Cerfeuil, des Chicorées frisées, des Laitues, qui s'élèveront sous verre pour achever leur végétation en pleine terre dès que les gelées seront passées.

JARDIN FRUITIER.

Dans le jardin fruitier il est peu de travaux que ce mois permette de faire. Souvent les plantations sont interrompues par les gelées. La taille des arbres ne devant commencer qu'en février, les Plates-bandes seront seulement labourées grossièrement, on fera l'échenillage des arbres et on réparera les treillages des espaliers.

JARDIN D'ORNEMENT.

Lorsque les gros labours ont été exécutés, il y a peu de travaux à faire, sauf l'échenillage des arbres que nous recommandons toujours.

On y rencontre en fleur : les Perce-Neige, le Tussillage odorant, les Hellebores : le noir ou rose de Noël, Vernalis ou de printemps, ou Pied-de-Griffon, la Primerolle ; et les arbrisseaux Calycanthus prœcox, Jasminum nudiflorum, Laurier tin, Daphnès, Poirier du Japon.

C'est vers la fin de ce mois lorsque les plus grandes gelées sont passées que commencent les élagages. On doit avoir soin de cacheter les plaies les plus importantes, soit avec du colthar ou du mastic à greffer. En général on ne doit jamais tailler les arbres lorsque le bois est gelé.

ORANGERIE ET SERRES.

L'orangerie est un local exclusivement réservé à la conservation, pendant l'hiver, des plantes quelles qu'elles soient, dont la végétation est dans cette saison totalement interrompue et qui pour cette raison se contentent de peu de lumière. Les soins sont des plus simples, il suffit de la préserver de la gelée et de lui donner de l'air tant qu'il ne fait pas froid. Les plantes demandent très-peu d'eau pendant leur repos.

Si une pièce de rez-de-chaussée, un simple local à façade vitrée peut faire une orangerie, il n'en est pas de même pour une serre. C'est un local où les plantes végètent en toute saison et qui doit laisser passer la plus grande quantité possible de lumière.

La serre tempérée doit être maintenue presque toujours de 6 à 10° + centigrades, une atmosphère plus chaude mettrait les plantes en végétation lorsque dans l'état normal elles ne doivent commencer à pousser que dans les beaux jours du printemps. Il suffit seulement de les maintenir.

Les serres exigent à cette époque plus de surveillance que de coutume; le peu d'air renouvelé et l'absence des rayons solaires déterminent presque toujours la pourriture qu'il faut avoir soin d'enlever à mesure qu'elle se présente. Si la serre possédait trop d'humidité on sècherait son atmosphère en faisant du feu et en donnant de l'air. Tout en modérant les arrosements, il faut avoir soin que les plantes ne manquent pas d'eau; l'heure la plus convenable pour arroser en cette saison est de 9 à 11 h. du matin.

On y voit fleurir la Tulipe duc de Tholl, la Jacinthe romaine, la Primevère de la Chine, quelques Bruyères, la hiemalis, la gracilis, le philica, etc., quelques Camelias précoces, le Scisostylis coccinea. Enfin, quelques plantes qui par les soins du jardiner devanceront leur époque habituelle de floraison.

FÉVRIER.

JARDIN POTAGER.

Plein air. — Les semis de Pois en pleine terre, dans les premiers jours de février, sont une opération très-importante. Comme nous le disions le mois précédent, un terrain neuf est celui qui leur convient le mieux. Ils n'aiment point une terre nouvellement fumée. Les cendres et en général un terreau végétal sont les meilleurs engrais pour favoriser leur production.

Les Pois nains hâtifs de Hollande pour mettre au pied des murs; les variétés Caractacus, Daniel O'Rourke, Michaux, sont, parmi les Pois à rames, les plus précoces et les plus productifs. (Voir pour la distance des ensemencements le mois précédent.)

Dans la première quinzaine de février tous les semis de Fèves de marais doivent s'effectuer.

Les plus fortes gelées n'étant plus à craindre, on peut semer l'Ognon avec sécurité à la volée ou en ligne et dans ce cas les rangs se font à 0,15 cent. entre eux. On a l'habitude d'y mêler quelques graines de Laitue gotte, palatine et royale blonde, etc. Elles pomment vite et débarrassent le terrain lorsque l'Ognon prend de la force.

A partir du 15 de ce mois on peut mettre en place les Laitues de printemps dont on a préparé le plant sous cloches.

On entoure les planches d'Ail, d'Echalotte, on plante également la Ciboulette et l'Estragon pour faire bordures.

A bonne exposition, on place en rayons ou par pochettes les

Pommes de terre précoces. Les pieds s'espacent de 0,35 cent. S'il survient des gelées tardives lorsqu'elles commenceront à sortir, il sera nécessaire de les abriter ou de les butter.

On sème des Epinards pour remplacer les semis d'automne. Comme ils se mettent facilement à graine au printemps, on fera bien d'en semer peu à la fois et de renouveler les semis de quinze jours en quinze jours.

On sèmera en ligne distantes entre elles de 15 cent. des graines de Salsifis blanc et des Carottes demi-longues.

Vers la fin de ce mois on écartera la litière qui entourait les Artichauts et, dans certaines parties abritées, on les déchaussera pour permettre aux œilletons de se développer.

C'est également dans les derniers jours de février que l'on commence à planter des griffes d'Asperges. Les fosses étant faites, dans les terrains humides on fait un bon drainage de 10 c. de hauteur au fond de chaque tranchée avec cailloux ou débris de plâtras, puis tous les 45 cent. environ on dépose une pelletée de terre bien amendée et d'une épaisseur de 10 c.; c'est sur cette petite éminence qu'on étalera les racines d'Asperges, en ayant soin de diriger les yeux toujours dans le sens de la ligne et vers le parcours du soleil. On les recouvrira de 5 à 6 cent. de bonne terre, puis on ne mettra pas moins de deux ans à combler la différence de terrain et ce n'est qu'à la troisième année que l'on pourra cueillir les premières, il est de toute nécessité que chaque pied conserve deux ou trois tiges pour régénérer la plante. On procède de la même façon dans les terrains secs, avec cette différence qu'il n'est point nécessaire de les drainer.

Culture forcée. — Sur couches avec cloches ou chassis, on fait : des Carottes courtes et demi-longues, du Persil, du Cerfeuil; on sème les Radis précoces et la Rave violette.

On sème sur couches tièdes pour repiquer dans les mois suivants : le Céleri, les Choux hâtifs et de Milan, les Choux fleurs tendre et demi-dur, les Laitues de printemps et d'été, le Poireau gros de Rouen, l'Ognon rouge, pâle, etc.

Sur couches chaudes, on sème les graines de Cantaloup, de Concombre, d'Aubergines et de Cardons.

On peut toujours faire des Haricots précoces sous châssis.

On plante les Melons semés le mois précédent, l'on a eu soin de faire à l'avance une couche pour les recevoir et lorsqu'elle entre en fermentation on dépose le plant qui ne doit point éprouver d'interruption de chaleur.

On forcera des Fraisiers. L'opération dure de 60 à 70 jours. Le plant qu'on se propose de forcer doit avoir été mis en pot à l'automne au plus tard ; à partir du moment où ils sont à la chaleur ils demandent des arrosages fréquents et lorsqu'ils sont en floraison il faut éviter de répandre de l'eau sur les feuilles et les fleurs, cela diminuerait sensiblement la récolte.

On plante sur couche à demeure les Choux fleurs que l'on a hivernés.

JARDIN FRUITIER.

Nous sommes dans les derniers moments de la plantation. C'est dans ce mois que commence la taille des arbres fruitiers. On taille d'abord les arbres à fruits à noyau, tels que : le Prunier, le Cerisier, l'Abricotier, l'Amandier. Le Pêcher se taille lorsque les yeux et les boutons à fleurs sont bien apparents ; puis les arbres à fruits à pépins.

Disons en passant que si un arbre est trop vigoureux, et par conséquent rapporte peu, il devra, à quelque série qu'il appartienne, être taillé plus tard lorsque déjà il sera entré en végétation.

Nous voudrions pouvoir indiquer les divers modes de taille, mais ce serait sortir de la limite que nous nous sommes tracée. On consultera pour cette opération les traités d'arboriculture de MM. Dubreuil, Delaville, Puvis, etc.

C'est à cette époque qu'il convient de choisir les greffes qui devront être appliquées dans le courant des mois de mars et d'avril. Elles doivent être placées par la base dans terre au pied d'un mur pour arrêter leur végétation.

C'est le moment de tailler la vigne, plus tard la végétation commençant, chaque plaie donnerait un écoulement.

Dans les parties abritées où les arbres sont avancés, on devra appliquer les abris pour protéger la floraison contre les gelées blanches.

Dans le courant du mois, le chaulage des arbres est une très-bonne opération qui a pour effet de détruire les insectes placés sous l'écorce et d'abriter celle-ci contre les rayons ardents du soleil dans les mois suivants.

Comme nous le disions dans le mois précédent, à propos des arbres d'ornement, tailler en temps de gelée, c'est déchirer l'écorce à chaque coupe, ce qu'il faut éviter.

JARDIN D'ORNEMENT.

Le jardin d'ornement reçoit dans ce mois sa tenue de printemps. Ainsi les massifs sont de nouveau nettoyés et proprement binés, et sont garnis de plantes fleurissant dans les mois suivants : le Silène, le Myosotis, la Ravenelle, l'Œillet de poëte, la Primevère, etc.

Le moment n'est pas venu de semer des graines de fleurs en pleine terre. Si la terre n'est pas gelée elle est encore trop froide pour en favoriser la germination ; on transplante les plantes vivaces si la température le permet. On plante des Anémones, des Renoncules, l'Ornithogale, les variétés rustiques de Lis, tels que le Tigrinum, le croceum, l'umbellatum, le superbum.

Dans les terres légères on sème les Ray grass, les Agrostis, les Fètuques, les Paturins et autres graminées qui constituent les gazons.

Ce mois est également très-convenable pour les plantations des arbres verts, car dès lors ils n'ont plus à craindre les grands vents qui les auraient tourmentés, et leur mise en végétation facilite la reprise. On plante aussi les arbres et arbustes de terre de bruyère. Vers la mi-février on sèmera sur couches et préférablement en terrines ou en pots, les Balisiers, la Cinéraire maritime, les Coreopsis annuels, les Giroflées quarantaines, les Pétunia, Lobelia erinus, le Tagetes, les Thlaspi, les Verveines, et bien d'autres plantes encore destinées à l'ornementation du jardin pendant toute la belle saison.

ORANGERIE ET SERRES.

On continue de donner aux plantes les mêmes soins qu'en janvier, c'est-à-dire qu'on les tiendra dans un parfait état de propreté et qu'on leur donnera des arrosements modérés.

Les Camélias commencent à entrer en floraison, ils exigent une très-grande propreté autour d'eux et beaucoup de lumière. Le nombre des plantes fleuries augmente de jour en jour. Les arrosages doivent être plus fréquents pour celles-là que pour les autres. Indépendamment de celles que nous citions le mois précédent, on remarque les Cinéraires hybrides, les Epacris, les Mimosa, la Violette de Parme, le Prunier à fleur double, le Polygala à grande fleur, la Tulipe Tournesol, les Jacinthes de Hollande et autres plantes dont la floraison est avancée.

MARS.

JARDIN POTAGER.

Plein air. — Pendant ce mois, l'horticulteur n'a plus de repos, tout son temps doit être mis à profit. Par un temps sec il donne un profond labour aux terres qui n'ont point été remuées. Il brise à la fourche ou au rateau les mottes que les gros labours d'hiver ont dû laisser à la surface.

On arrive dans le meilleur temps pour débutter les Artichauts; la litière et les feuilles qui servaient à les couvrir sont mises de côté pour être employées, si le besoin s'en présentait. Vers la fin de ce mois on œilletonne, en ne laissant à chaque pied, que le plus fort bourgeon radical. Pour créer ou remplacer un plant d'Artichauts, on prend les œilletons qui présentent le meilleur talon, et non les plus forts dont la reprise serait difficile, et on les plante à 80 cent. environ sur tous sens. Un arrosement copieux au jeune plant est indispensable.

On laboure et l'on fume les Asperges. Je dis labourer, il vaudrait mieux dire recharger ou rebutter, car une très-bonne opération à faire en automne est de les découvrir et de les laisser ainsi passer l'hiver. Pendant ce temps la terre s'aère et devient friable et c'est en mars qu'on les recouvre avec du fumier bien consommé, pour les rebutter ensuite avec la terre qui en avait été extraite.

On met en terre les porte-graines de tous les légumes-racines que l'on a conservés jusques-là en silos. Il faut éloigner les diverses variétés d'un même genre pour éviter l'hybridation.

On plante l'ognon; le gros pour monter en graines, le petit pour tourner ou grossir et produire de bonne heure.

On met également en terre les variétés suivantes : Rocambole ou d'Egypte, Patate ou Pomme de terre, l'Ail, l'Echalotte, dont on ne peut plus différer la plantation. Ces différents bulbes se plantent peu profondément.

On plante les Choux fleurs semés en septembre, hivernés sous châssis ou en ados et qui devront donner en juin ou juillet.

On laisse en place les vieux poireaux pour graines et l'on arrache les autres pour les empêcher de monter.

On plante sans crainte les Pommes de terre de toutes sortes ainsi que les Topinambours.

On plante et l'on sème des Fraisiers.

On divise les touffes de Ciboulette.

On doit toujours semer des Pois. A-t-on déjà fait des variétés précoces telles que : Pois Daniel, O'Rourke, Prince-Albert, Michaux, comme Pois à rames ? On fait des Pois d'Auvergne, des Pois ridés, Victoria sans parchemin, etc., et pour succéder aux Pois nains hâtifs de Hollande, Beck's-Gem , on fait des ridés nains, Waterloo, Peabody, sans parchemin, etc. Les soins à donner à ceux déjà plantés sont de les rechausser au fur et à mesure qu'ils s'élèvent pour les préserver des gelées.

On sème encore des Fèves de marais, jusqu'à la mi-mars, passé cette époque elles sont sujettes à être prises du puceron lorsqu'arrivent les grandes chaleurs, ce qui diminue sensiblement la récolte. Elles demandent à être très-aérées pour donner une abondante production.

Veut-on faire du plant d'Asperges? On sème des graines, des variétés d'Argenteuil, ou de Hollande. On espace les lignes de 16 c. et les graines de 8 à 10 cent.

On sème des Carottes de toutes les variétés; on en préserve les semis contre l'araignée en arrosant la terre avec de l'eau saturée de suie.

On sème aussi du Persil, du Cerfeuil, puis des Chicorées sauvages, des Chicorées frisées, des Laitues d'été : telles que Palatine, blonde d'été, de Versailles, sanguine, Batavia, romaine.

Le milieu de mars convient le mieux pour semer en pleine terre les Choux fleurs demi-durs, qui seront mis en place dans le mois suivant.

On sème les Choux pommés tels que : les Milans, Nantais, Saint-Denis, Quintal, etc., les Choux raves et Choux navets que l'on emploie à la place de Navets ; les Epinards, la Marjolaine, la Pimprenelle et la Sariette, les Navets hatifs, tels que le Navet rond blanc et rouge plat, le demi-long des Vertus, les Ognons de toutes sortes, l'Oseille, le Panais, les Poireaux, les Radis et les Raves, les Salsifis blancs.

Culture forcée. — On entretient la chaleur des couches sur lesquelles sont plantés les Melons, les Concombres de première saison, entremêlés de Laitue. Ces Melons reçoivent la première taille à la première maille lorsque deux yeux sont bien apparents.

On replante pour la deuxième saison : des Melons, des Choux fleurs, des Laitues.

On resème des Haricots précoces, Flageolets, Bulos, noirs de Belgique. Des Pois Gontier et nains hâtifs de Hollande. On hate la fructification de ces derniers en pinçant l'extrémité des tiges, dès que l'on voit la quatrième fleur. On sème encore des Raves violettes et des Radis précoces, des Carottes courtes et demi-longues, on met sur couches les dernières griffes d'Asperges, pour attendre celles de pleine terre. Sur couche chaude, on sème les Courges, les Potirons, les Concombres et en général toutes les cucurbitacées comestibles.

JARDIN FRUITIER.

On doit terminer la taille de tous les arbres fruitiers, à l'exception toutefois comme nous le conseillions le mois précédent, de ceux qu'une croissance trop vigoureuse à rendus improductifs et que l'on veut affaiblir par des amputations faites lorsque la sève est en voie d'activité.

Après la taille on fait le palissage à sec des branches de charpente.

On applique les toiles qui doivent servir d'abris pour la floraison des arbres fruitiers, contre les gelées blanches et les giboulées. La toile un peu plus serrée que celle qui sert à tendre le papier est la plus convenable.

La Vigne doit être plantée préférablement pendant ce mois, ses racines charnues étant susceptibles de pourrir pendant l'hiver.

JARDIN D'ORNEMENT.

A cette époque le Jardin d'ornement doit se ressentir partout de la main du Jardinier, comme propreté et comme culture.

Les haies sont tondues et binées.

Les arbres et arbustes ont reçu la taille que comportaient les points de vue ménagés pour embellir la propriété.

On taille les Rosiers, opération très-délicate, qui opérée plus tôt aurait fait débourrer les yeux conservés, que les gelées auraient pu détruire.

Les plates-bandes sont labourées et fumées, on contourne les plantes vivaces, c'est-à-dire qu'en faisant le labour, on ôte la terre qui leur a servi de nourriture pour en passer de la nouvelle. On les multiplie par séparation.

On met en place les Œillets de poëtes, les Ravenelles, les Silènes, les Myosotis, les Mufliers, les Juliennes de Mahon, et en général toutes les plantes annuelles qui ont été semées en automne à bonne exposition.

On fait dans les bannettes les premiers semis de fleurs annuelles, telles que le Collinsia, le Némophile, le Pied d'Allouette, le Silène rose et blanc, la Julienne ou Giroflée de Mahon à fleur rose et à fleur blanche, la Cynoglosse à feuille de lin, le Lin à fleur rouge le Pavot à fleur double, les Coquelicots, l'Escholtzie, la Gesse odorante, etc.

On plante les Anémones et les Renoncules, les Glayeuls de Gand et ses nombreuses variétés, les Tigridias, les variétés de Lis, qui n'ont point encore poussé.

Sur couche tiède, on sème les Reines-Marguerites et les Balsamines, les Giroflées-Quarantaines, le Petunia hybride, le Zinia élégant et la variété à fleur double, le Perilla de Nankin, la Cinéraire maritime, l'Amarante à feuilles rouges et le Maïs panaché, le Lobelia-Erinus, le Pourpier à grande fleur, le Tagetes Pumila, et les Verveines.

On met sur couches les tubercules de Dahlias et de Cannas qui ne devront être livrés à la pleine terre que vers la fin du mois prochain. On plante des tubéreuses à bonne exposition, terre légère, et en pot, sur couche dans les terrains humides.

On commence la multiplication de toutes les plantes à bannettes sur couche chaude ou dans la serre à multiplication.

Les Gazons qui se trouvent usés soit par la mousse ou par des mauvaises plantes vivaces, doivent être renouvelés. Le commencement de Mars est préférable. Le Raygrass d'Ecosse, si agréable à la vue, n'offre point une longue durée, car il n'est que bisannuel. Les nombreuses espèces de graminées permettent au semeur de choisir celles qu'il devra employer suivant la nature du terrain et l'emplacement qu'elles auront à occuper. Toutefois le Raygrass d'Ecosse devra participer à la composition des Gazons.

On voit fleurir dans le jardin, l'Amandier, l'Amigdalus persica, le Prunier mirobolan, le Chèvrefeuille de Virginie ou Chamœcerasus, le Magnolia prœcox et le Yulan-Soulangiana, des Ribes, quelques Saules, des Erables. La floraison des Jacinthes, des Crocus et des Narcisses commence; la Primula veris et l'elatior, qui ont donné naissance aux belles collections de nos jardins, l'Hépatique, les Aubrietia, etc.

SERRES ET ORANGERIE.

Le soleil de mars amène dans les serres une chaleur qu'il faut parfois éviter. La végétation se ranime et les arrosements deviennent de plus en plus nécessaires.

Il est encore trop tôt pour donner aux plantes de la serre ou de l'orangerie le rempotage que la saison prochaine va rendre indispensable.

Les Camélia sont dans toute leur beauté ; aussitôt la floraison terminée, on les taille, c'est-à-dire que l'on revient sur les pousses dernières pour empêcher l'arbuste de se dégarnir.

Les toiles ou claies seront déployées pour éviter l'effet trop vif des rayons du soleil. On donne quelques bassinages pendant le jour.

On nettoie les bulbes de Gloxinia, de Begonia, et on en fait commencer la végétation par de légères aspersions.

On voit fleurir quelques Azalées des plus précoces ; les Primevères de la Chine continuent leur floraison, les Polygala, Genista, Justicia, Deutzia, Hoteia, Lilas, dont la végétation est avancée, les Tulipes, Jacinthes, etc., donnent aux serres un charme irrésistible, qui, à cette époque, attire et séduit tous ceux qui les visitent.

AVRIL.

JARDIN POTAGER.

Plein air. — En avril la végétation devient active et se ressent de l'influence du printemps; les travaux se poursuivent et ne permettent plus d'être retardés.

Tous les labours ayant été faits, on n'a plus qu'à soigner les semis et plantations déjà effectués et à finir de charger complètement le jardin.

On ratisse et on sarcle les mauvaises herbes qui commencent à pousser dans les planches de légumes, c'est dans cette opération qu'on sent l'utilité des cultures en lignes.

On éclaircit les semailles d'Ognons, de Carottes, pour faciliter leur accroissement, et ceux qui négligent cette opération n'obtiennent que des produits insignifiants; 8 cent. entre les plants sont nécessaires.

On voit germer les Choux, Laitues, Poireaux et Salsifis blanc qui ont été semés le mois précédent.

On visite attentivement tous ces jeunes semis pour les garantir des insectes, tels que l'araignée, les limaces et autres larves que la température plus chaude et plus douce fait sortir de terre. On tire un très-bon effet de la chaux vive réduite en poudre que l'on répand sur le sol pour en protéger le jeune plant et de l'eau saturée de suie pour détruire l'araignée.

On continue à œilletonner les Artichauts, ne laissant à chaque pied que le plus beau bourgeon. C'est le dernier délai pour planter les Asperges et les Fraisiers dont la végétation commence.

On plante toujours des Pommes de terre, déjà on peut rechausser celles qui ont été plantées de bonne heure.

On repique les jeunes plants élevés sur couches, tels que Choux, Laitues, Chicorées, Choux-Fleurs, Poireaux et Ognons, semés au commencement de mars. A la mise en place, les Choux se plantent à 35 c. environ sur tous sens, les Choux fleurs à 40 c., les Chicorées et Laitues à 25 c., le Poireau à 20 c., l'Ognon à 10 c., et à 20 c. entre rangs.

On sème des Navets précoces.

On fait les premiers semis de Scorsonère ou Salsifis noir qui semé plus tôt aurait pourri par l'excès d'humidité du sol.

On sème les Cardons de Tours à côtes très-pleines mais épineuses, les Cardons d'Espagne non épineux, la Betterave rouge pour salade, le Céleri turc, le Céleri rave.

On renouvelle souvent les semis des plantes qui passent vite, telles que les Radis, le Cerfeuil et les Epinards.

On peut toujours faire du Salsifis blanc, des Carottes hâtives et tardives, des Laitues d'été et d'automne, des Choux de Milan et des Choux pommés de Saint-Denis et quintal.

La Sariette, le Basilic, le Thym, se multiplient très-bien par graines.

Les Pois qui occupent une si large part dans la culture potagère offrent, pour succéder aux premiers, leurs variétés demi-hâtives et tardives, telles que : Victoria et d'Auvergne, Michaux de Ruelle, Ridés blancs et verts, et sans parchemin.

Les Pois nains, verts de Hollande, Ridés de Knight et sans parchemin nains, sont préférables dans le jardin de petite étendue.

On hâte leur fructification en les pinçant lorsqu'ils offrent déjà quatre ou cinq fleurs. Cette opération, faite aux Fèves de Marais, assure leur production.

Les premiers Pois demandent des rames. On peut commencer à la fin du mois à semer des Haricots ; le Flageolet, le Haricot Duclos, et le noir de Belgique, sont les plus précoces.

Culture forcée. — Les couches achèvent de fournir leur rendement. La pleine terre, commençant à donner chaque jour des légumes nouveaux, on ne fait plus que des Haricots comme primeurs.

On sème des Tomates, les diverses cucurbitacées, connues sous le nom de Courges, Potirons et Bonnet-de-Turc, les Concombres longs et à Cornichons. Il est préférable de les planter sur bulin, lorsqu'ils auront trois à quatre feuilles.

On met en place sur couches les derniers Melons. Ceux qui auront été plantés au commencement de mars sont assez forts pour supporter la deuxième taille et même une troisième dans le courant du mois. Nous devons mentionner que les bourgeons qui se développent de l'aisselle des cotylédons, nuisent considérablement à la production des fruits, ce qu'il faut avoir soin de supprimer. On met en place sur bulin, les Patates élevées sur couche.

JARDIN FRUITIER.

On achève la taille des Arbres fruitiers vigoureux, qui avaient été laissés les derniers en vue de les affaiblir.

Dans ce mois commence l'ébourgeonnement ; cette suppression, qui porte sur tous les bourgeons inutiles, ne se fait qu'au fur et à mesure qu'ils atteignent cinq à six centimètres de longueur.

De cette manière entre le temps qui s'écoule à partir de la suppression des premiers bourgeons, jusqu'à la fin de l'opération, l'équilibre se rétablit entre toutes les parties de la branche ou même de l'arbre, c'est ce que le jardinier doit toujours rechercher.

Le mois d'avril est l'époque la plus convenable pour greffer en fente et surtout en couronne tous les arbres à fruits à pépins. On voit apparaître quelques parties cloquées, principalement sur le Pêcher. (Pour cette maladie voir au mois suivant).

JARDIN D'ORNEMENT.

Le jardin d'ornement a été mis en ordre le mois précédent. Il ne reste plus qu'à donner les sarclages et les arrosages que réclament les massifs de fleurs et à continuer les semis de plantes annuelles.

On plante les différentes variétés de Glayeuls, les Tigridias, les Lis tigrés, orangés, etc., on plante encore des Anémones pour fleurir au mois d'août.

En pleine terre on sème toutes les plantes annuelles rustiques. Je citerai les plus importantes : la Belle-de-Nuit, qui vient parfaitement bien à l'ombre, la Belle-de-Jour, l'Anthémis d'Arabie, l'Agrostemma-Cœlirosa, la Capucine brune et écarlate à tige grimpante, les Volubilis variés, les Capucines naines pour bordures; mentionnons le Roi-des-Noirs, comme très-naine et très-florifère, le Collinsia bicolor, le Chrysanthème à carène, le Coquelicot double varié, le Barbeau ou Bleuet varié, le Coréopsis pourpre, l'élégant et le nain, l'Eucharidium Grandiflorum, l'Immortelle à bractées, à fleur jaune, et à fleur branche, le Lavatère à grande fleur rose et blanche, le Phlox de Drummond, la Malope à grande fleur, les Lupins annuels, le Lin à fleur rouge, l'Œillet de la Chine et du Japon, l'Œillet d'Inde et la Rose d'Inde, le Souci à fleur double, le Thlaspi blanc et le violet, la Reine-Marguerite et le Zinia élégant.

Sur couches.—On sème des Amarantes, Crêtes-de-Coq, tricolore, mélancolique, l'Amaranthoïde orange, l'Ageratum du Mexique, la Balsamine-Camélia, les Mimulus, le Perilla de Nankin, les Datura, la Ficoïde glaciale, la Giroflée quarantaine, les Giroflées grosse espèce, pour fleurir au printemps prochain, le Salpiglossis hybride, charmante plante, mais qui redoute les étés humides, le Thunbergia, et le Maïs panaché.

On repique sous châssis les fleurs qui ont été semées le mois précédent sur couches. Le Pétunia, le Lobelia erinus, le Tagetes, la Balsamine, le Zinia, l'Amarante à feuille pourpre, le Maïs panaché etc. On consulte pour ce repiquage plutôt la force des plantes que l'époque.

Ce n'est qu'à la fin du mois que la température permet de livrer à la pleine terre les Cannas et les Dahlias; et encore ce n'est que dans les endroits bien abrités.

On continue la multiplication des plantes à bannettes et on rempote celles qui ont été bouturées le mois précédent.

Les Gazons supportent la première coupe, car un point essentiel est de les empêcher de porter graines. Après la tonte, on fera bien de les rouler afin d'en bien fixer les racines à la terre.

Les allées reçoivent un ratissage profond. Les graines d'herbes apportées par les vents ayant germé pour la plupart, le jardinier après ce travail opéré est tranquille pour quelque temps. On sable celles qui en ont besoin.

Dans ce mois le jardin d'ornement offre par l'opposition des premières feuilles un aspect très-agréable.

On voit en fleur, dans les massifs, la Corbeille-d'Or, la Corbeille-d'Argent, l'Anemone des fleuristes, les Hépatiques, les Ericas de pleine terre, l'Auricule où Oreille-d'Ours, le Dielytra spectabilis, la Fritillaire ou Couronne-Impériale, la Giroflée jaune ou Ravenelle, les Jacinthes parisiennes et de Hollande, le Myosotis des Alpes, et le Silène pendant, les Pensées et la Violette des quatre saisons.

Parmi les arbrisseaux et les arbres, on remarque : la plupart des Ribes, les Lilas, les Chamæcerasus, les Arbousiers, le Troëne, un grand nombre de Spirées, l'Amandier, le Merisier à fleur double, le Pêcher à fleur double, le Cornouiller des bois, les Erables, les Peupliers, etc.

SERRES ET ORANGERIE.

Le mois d'Avril est la véritable époque pour rempoter les plantes de la serre et de l'orangerie, la végétation devient de plus en plus active, sous l'influence de la grande lumière.

Il faut aux nouvelles racines qui vont se développer une terre riche et bien aérée. On commence par les plus jeunes ou les plus délicates et ce qui s'explique le mieux par celles qui entrent en végétation les premières ou qui souffrent le plus par le manque de nourriture.

Malgré le soin qu'on ait pu prendre, il est impossible que l'hiver n'ait point rendu malades quelques plantes, que cet accident soit arrivé par une température trop haute ou trop basse, ou par le manque de lumière nécessaire, on y remédie en consacrant une bâche, dans laquelle on fait une bonne couche, à recevoir toutes ces plantes languissantes. On les dépote et on les plonge dans une terre bien ameublie et presque toujours avec la belle saison et des seringages donnés à propos, elles reprennent l'état de splendeur qu'elles avaient autrefois.

On commence alors à faire usage des engrais liquides, tels que ceux que **M. Dubus** nous indique, engrais liquide chargés des gaz fertilisants contenus dans les fumiers, urines, colles, etc. (Voir la note à la fin de ce travail). **M.** Lierval nous conseille, dans un bulletin du Cercle pratique d'horticulture, d'arroser les poteries avec une dissolution de colle, à raison de 500 grammes que l'on fait bouillir dans dix litres d'eau, puis additionnée de dix fois son volume. La bouse de vache à l'état frais est un excellent engrais pour les arbustes de terre de bruyère, Azalées, Camélias; on devra l'employer en petite quantité, mêlée avec l'eau lorsqu'ils seront en état de végétation.

Les rayons du soleil devenant de plus en plus perpendiculaires, sont à craindre pour les plantes, aussi devra-t-on les éviter au moyen de toiles ou de claies.

Les Gloxinias, les Begonias, développent de plus en plus leurs jeunes feuilles ; sous l'action du rempotage, on maintient leur bon état d'humidité par des seringages souvent répétés, jusqu'à l'apparition des fleurs.

Comme la température des serres devient parfois très-chaude dans les belles journées d'Avril, on donne grand air et l'on répand de l'eau dans les chemins, pour exciter la formation de la vapeur; on donne également plusieurs seringages dans la journée.

C'est le moment de multiplier les plantes des contrées exotiques.

On voit fleurir le Triteleia uniflora, le Genista floribunda, les Hoteia Japonica, quelques Clématites, lanuginosa, Jackmani, les Ciprypedium ou Sabot de Vénus, quelques Orchidées, des Begonias, fuchsioïdes, castanœfolia, et surtout les Azalées de l'Inde aux fleurs si ravissantes et si remarquables.

MAI.

JARDIN POTAGER.

Plein air. — Il n'est pas rare de voir au commencement de ce mois des nuits assez froides pour perdre en un instant les primeurs qui ne sont pas suffisamment abritées. Le jardinier doit user de tous les moyens, en son pouvoir, pour les protéger.

Comme dans le mois précédent, les travaux du jardin potager consistent à éclaircir, sarcler et biner les jeunes semis pratiqués antérieurement.

On continue de repiquer à demeure les jeunes plants tels que : Laitues, Choux, Poireaux, Ognons, etc. (Voir la distance en avril).

On pince les Fèves de marais lorsqu'elles entrent en fleurs. Les Pois faits en janvier commencent à donner ; si les autres laissent apparaître des vrilles, il convient de les ramer.

On renouvelle : les semis de Cerfeuil, Epinards, Radis hâtifs et le Cresson alénois qui montent promptement. On doit en faire peu à la fois et souvent.

On sème encore des Carotes hâtives et tardives, des Chicorées frisées, spécialement la Chicorée d'été ou d'Italie, la Chicorée frisée de Meaux, qui sont plus lentes à monter.

La Chicorée sauvage, qui servira l'hiver prochain pour faire de la Barbe de capucin, la Chicorée toujours blanche , les Choux petits et gros de Milan, les Choux pommes, les Choux raves et les Choux navets.

Dans le commencement du mois, on fera : les Choux fleurs demi-durs et le Brocoli, qui seront bons à consommer pour l'automne et l'hiver, les Choux de Bruxelles. Les Concombres, les Courges et les Potirons se sèment en place et préférablement sur bulin.

On sème sans crainte, les Haricots de toute espèce parmi lesquels se trouvent un si grand nombre de variétés, soit à pied, soit à rame.

Les Laitues bonnes à semer maintenant sont les variétés batavia, meterelle, paresseuse, romaine blonde.

Aux Navets précoces, on joint le Navet de Freneuse.

On sème : de l'Oseille, du Panais et de la Betterave à salade.

On sème : de nouveaux Pois pour succéder aux variétés hâtives; ceux qui sont préférables pour le moment, sont les Pois d'Auvergne, Victoria, ridés, Michaux de Ruelle et les variétés sans parchemin.

On sème : le Radis violet de Gournay et le Radis noir pour l'hiver. Le Salsifis blanc et le Scorsonère.

Dans les terrains ou le Salsifis blanc se rouille, il est préférable d'y faire le Scorsonère.

C'est le bon moment de semer en pleine terre les Cardons et le Basilic.

On met en place, à bonne exposition, les Aubergines et les Tomates, les Potirons et les Concombres semés en avril sur couche.

On plante les dernières Pommes de terre.

Les couches ne sont plus utilisées que pour recevoir les Patates et les derniers Melons. Sur celles qui ont épuisé leur chaleur, on plante également les Choux-Fleurs, et on fait les semis de Céleri turc et de Choux, qui lèveront plus vite et permettront de les repiquer plus tôt.

Les Melons reçoivent la première, la deuxième ou la troisième taille, suivant leur âge, et c'est à la suite de cette dernière qu'apparaissent les premiers fruits.

JARDIN FRUITIER.

Dans le mois précédent, nous avons déjà commencé l'ébourgeonnement, nous aurons encore à le continuer sur tous les yeux qui se développent et qui sont reconnus inutiles.

L'opération du pincement, qui arrive en ce mois, ne saurait être fixée que par le bourgeon lui-même ; c'est à la longueur de 10 à 12 centimètres dans le poirier ; 5 à 6 dans le Cerisier et le Prunier et 15 à 20 dans le Pêcher, qu'ils doivent être opérés.

Lorsque l'arbre à acquis son développement, on pince le bourgeon terminal des branches de charpente, pour refouler la sève dans la partie inférieure.

Dès que l'on s'aperçoit qu'un bourgeon se développe vigoureusement à l'état de gourmand, on le supprime totalement en laissant à sa base l'empâtement ; des yeux stipulaires se développent aussitôt mais avec une vigueur moyenne et, par ce procédé, on conserve toutes les parties de l'arbre en parfait équilibre. (*)

L'opération du pincement doit se faire au fur et à mesure que les bourgeons ont acquis assez de force. Les plus vigoureux sont palissés immédiatement ; pendant ce temps, les plus faibles reprennent de la force pour être palissés successivement.

Deux des fléaux qui attaquent les jeunes pousses des arbres fruitiers et surtout du Pêcher, sont le puceron et la cloque :

La cloque du Pêcher n'est qu'un accident qui est causé par des courants d'air froids qui arrêtent le développement des feuilles et les déforment. Elle disparaît avec une température plus élevée. Toutes les parties cloquées doivent être enlevées à leur apparition.

Le puceron est détruit par des seringages à l'eau de tabac : faire bouillir 10 grammes de tabac par litre d'eau et employer à froid.

On a prétendu que l'odeur de la Capucine placée aux environs des arbres attaqués par le puceron les en écartait.

Au milieu du mois, on enlève les abris qui protégeaient la floraison, les feuilles se trouvant assez développées pour abriter les fruits.

Dans les sols légers, préférablement, on devra mettre au pied de chaque arbre, s'ils sont distancés, ou sur toute la plate-bande s'ils sont rapprochés, un bon paillis qui maintienne l'humidité du sol.

On surveille les arbres que l'on a greffés le mois précédent pour

(*) Nota. — M. Colette fait remarquer que les yeux stipulaires des pêchers Teton de Vénus et de la Malte se développent rarement.

enlever la plupart des pousses que la suppression presque totale des branches a fait naître.

JARDIN D'AGRÉMENT.

Ce mois étant un des plus beaux, par la couleur tendre des feuilles naissantes et la floraison des arbres, tout doit concourir à donner au jardin un aspect charmant. Un parfait état de propreté doit régner partout, ce que l'on obtient par des binages et des ratissages successifs.

Il reste à orner les massifs qui ne l'ont point été, par des plantes annuelles ou vivaces, semées ou multipliées les mois précédents, c'est ainsi que l'on met en place les Dahlias et les Cannas, les Géraniums de toutes nuances, les Pâquerettes, Ageratum, Matricaire, etc. Ce n'est qu'à la fin de Mai que l'on confiera à la pleine terre les Coleus et les Achiranthes, qu'une température froide et prolongée pourrait détruire.

On repique en pépinière les Pétunias, Lobelia, Perilla, Cinéraires maritimes, Amarantes, Tagetes, Verveines, Reines-Marguerites, Balsamines, Capucines naines dont on a fait choix pour l'ornement des bannettes.

A-t-on planté des Eglantiers pour écussonner? on a soin de favoriser le développement des bourgeons qui doivent recevoir l'écusson, par la suppression de tous ceux qui sont inutiles.

On sème en place l'Accroclinium roseum, charmante composée ressemblant aux immortelles ou pouvant être utilisée comme elles. La Belle-de-Jour, la Belle-de-Nuit, la Campanule Miroir de Vénus, plante naine pour bordure, très-jolie et fleurissant abondamment, le Clarkia pulchella, le Coréopsis élégant et le nain.

On sème, comme plante grimpante le Haricot d'Espagne, les Ipomèes, les Capucines et les Cobées pour garnir les murailles et les treillages.

On sème le Lavatère à grande fleur rose et blanche, le Phlox de Drummond, le Réséda, le Salpiglossis, les Capucines naines, le Maïs panaché, etc.

On voit fleurir, dans les massifs, les Tulipes qui achèvent leur floraison, les Renoncules et les Anémones, les Pensées, les Pivoines herbacées et en arbre, les Pavots à bractées, le Silène rose, le Myosotis et les Ravenelles. Les Géraniums, les Eupatoires, les Pâquerettes, les Fuschsias, etc. Un grand nombre d'arbres et d'arbustes, tels que les Rhododendrons et les Azalées du Caucase qui réclament la terre de bruyère. Les Lilas, les Ribes, la Boule-de-Neige, les Spirées de différentes espèces, la Glycine de la Chine, le Marronier d'Inde à fleur blanche et à fleur rose, l'Epine blanche et rose, le Mérisier à fleur double, le Poirier du Japon, le Pêcher à fleur double, le Paulownia, et en un mot, un nombre considérable de plantes qui font du jardin un séjour délicieux.

SERRES ET ORANGERIE.

Les serres et orangeries demandent avec la température plus élevée de la saison, beaucoup plus de soins que les mois passés.

On doit les protéger contre les rayons brûlants du soleil, soit par des claies, soit par une peinture au blanc d'Espagne sur les carreaux.

Les plantes demandent des arrosages plus fréquents et préférablement le soir, lorsque la chaleur de la journée a diminué ; il est urgent de ne se servir que d'eau qui ait séjourné à l'air et qui en ait pris la température.

On pratique le rempotage de presque toutes les plantes de la serre.

Les Camélias et les Azalées, aussitôt leur floraison, font leur pousses, et il est bon de ne les sortir qu'après qu'ils auront achevé leur végétation. Mais avant, on doit les rempoter de nouveau; on suspend un peu la végétation des Camélias, par ce rempotage, ce qui assure les boutons à fleur pour l'année suivante. Ils se mettent dehors, à mi-ombre, à l'exposition du nord préférablement, et les Azalées, ne redoutent nullement une exposition bien aérée et le plein soleil.

C'est du 15 au 20 mai qu'on sort presque toutes les plantes de l'orangerie et de la serre froide, les Orangers, Citronniers, Pittosporum, Phormium, etc.

On sème également à cette époque, les primevères de la Chine, en terrine ou en caisse. Pour assurer une bonne germination, on recouvre la terre d'un carreau qui empêche l'humidité de s'évaporer; aussitôt la germination, il faut l'enlever, sans quoi le jeune semis s'étiolerait.

On donne grand air à toutes les serres, à l'exception de la serre chaude, dans laquelle on répand souvent de l'eau dans les chemins et sur les feuilles, pour faire de la vapeur qui entretient une belle végétation.

Les Gloxinias continuent leur développement obtenu par des seringages souvent répétés, jusqu'à ce que les premières fleurs apparaissent, dès lors, on doit cesser de mouiller les feuilles et on commence à faire usage des engrais liquides, qui viennent apporter à la terre les principes fertilisants que la plante a déjà épuisés dans le pot.

Nous devons mentionner ici que cet engrais maintient l'humidité de la terre et qu'il n'est point besoin d'arroser si souvent, une fois par semaine est suffisant.

Les Azalées sont dans leur pleine floraison, on les prolonge dans leur beauté en les préservant des rayons du soleil. La serre est encore ornée de Cinéraires hybrides, de Sparaxis, d'Ixias, des Pélargoniums, de Calcéolaires hybrides, des Epacris, des magnifiques feuilles des Bégonias, des Coleus, Calladium, etc.

JUIN.

JARDIN POTAGER.

A ce moment la végétation est en pleine activité; aussi, le jardinier ne doit-il rien négliger en sarclage, binage ou ratissage, travaux mentionnés dans le mois précédent.

On repique les Choux, Laitues, Poireaux, Céleri, etc., semés précédemment.

On met en place les Citrouilles, Concombres et autres cucurbitacées élevées sur couches, ainsi que les Tomates, Cardons et autres plantes.

On abat la tige de l'Ail, de l'Echalotte, pour faire passer la sève au profit des bulbes.

On continue à semer des Pois et des Haricots pour succéder à ceux déjà faits; les Pois, qui résistent à la chaleur, et qui, à cause de cela doivent être préférés maintenant, sont, comme nous le disions le mois précédent, les Pois d'Auvergne, Michaux de Ruelle, Clamart, Victoria, ridés et sans parchemin. Ces trois derniers offrent des variétés naines.

Les Haricots sont : les Flageolets blancs et verts, Duclos, le Gros-Pied, connu aussi sous le nom de Soissons nain. Le Soissons à rame, le Haricot beurre nain et à rame, les Sans-Parchemins (dits mange-touts) nains et à rame, etc.

On sème : les Laitues paresseuses, la romaine blonde; la chaleur de la saison empêche souvent leur repiquage; il serait bon de les semer en place et de les espacer.

On sème : la Chicorée fine de Rouen, la Scarole ; on renouvelle souvent les semis de Cerfeuil et d'Epinards prompts à monter ; on fait les Radis violets de Gournay et les Radis noirs, pour l'automne, sur un terrain profondément labouré.

On continue de semer les Choux de Milan, gros Quevilly, Saint-Denis, de Bruxelles, qui, repiqués en juillet, donneront leur production pour l'hiver.

On sème encore des Choux fleurs demi-durs, qui, avec de bons soins, pourront être consommés dès l'automne. On fait également des Carottes hâtives et demi-longues, du Persil, de la Raiponce, des Cornichons, des Navets ronds et demi-longs hâtifs, le freneuse et le martot. C'est aussi le moment de semer des Fraisiers perpétuels ; on choisit un emplacement demi-ombragé, et la terre doit être tenue constamment humide ; on paille les Fraisiers en plein rapport, si cela n'a pas été fait, afin d'éviter de laver les fruits.

Les asperges donnent leur dernier produit, mais, comme on a dû conserver, en les cueillant, trois tiges vigoureuses et bien portantes, pour assurer la récolte de l'année suivante, on peut cueillir jusqu'aux dernières qui se présenteront.

Les melons réclament toujours des soins assidus ; c'est-à-dire, qu'il faut donner de l'air à ceux déjà avancés, et protéger le jeune plant contre l'ardeur du soleil ; on les taille suivant leur âge. (Pour cette opération, voir culture des melons, par Loisel.)

JARDIN FRUITIER.

L'ébourgeonnement ne porte plus que sur les gourmands qui environnent les greffes, elles demandent à être desserrées. Le pincement en général et le palissage du Pêcher, sont les principales opérations de ce mois.

Pour la Vigne, c'est à cette époque qu'on doit supprimer tous les bourgeons inutiles ; on attendra que les grappes soient visibles et l'on ne conservera, avec les bourgeons fructifères, que ceux qui serviront de remplacement à la taille prochaine. Quelques personnes ont l'habitude, aussitôt l'apparition des grappes, de pincer le bourgeon qui les porte à deux feuilles au-dessus d'elles. Quelques jours avant la floraison, on fait l'incision annulaire qui consiste à enlever un anneau d'écorce de la largeur de 5 millimètres environ, au-dessous de celles que l'on veut favoriser. L'érimage qui consiste à éclaircir les grains et à diminuer la longueur des grappes, la suppression des vrilles, sont autant d'opérations qui favorisent la beauté des raisins. C'est un peu avant la floraison que l'on commence à soufrer la Vigne, afin d'empêcher le développement de l'oïdium, on répète l'opération lorsque les grains sont tout-à-fait formés.

Si l'on n'a pu appliquer le pincement à temps sur les rameaux fructifères, c'est dans ce mois que l'on a recours à la torsion. Cette opération s'applique même aux arbres très-vigoureux.

Malgré les soins que l'on a pu prendre pour maintenir les branches de charpente dans un parfait équilibre, il en est qui restent plus faibles ; on les favoriserait, soit en les écartant du mur, si elles sont en espalier, soit en les plaçant dans une position plus verticale ; pour cette même raison, les bourgeons doivent être palissés le plus également possible, afin que la sève se répartisse régulièrement dans chacun d'eux.

C'est à partir du 15 juin, que se fait l'éclaircie des fruits, car alors, ils sont assurés contre les gelées tardives ou contre les vers qui les attaquent. Lorsqu'il s'agit de l'espalier, tous ceux qui se trouvent mal placés, qu'ils soient tournés vers le mur ou serrés dans les treillages, doivent être supprimés au profit de ceux qui, par leur position, sont assurés d'un beau développement. S'ils se trouvent en plein air, on doit conserver les plus rapprochés de la branche de charpente, et supprimer ceux qui s'en trouvent éloignés. Il faut avoir soin que les fruits se trouvent en plus grand nombre dans la partie supérieure de l'arbre, que dans la partie inférieure.

Quand les fruits sont parvenus à ce premier état de grosseur, M. Dubreuil recommande de les asperger une ou deux fois, en temps sombre, avec une dissolution de sulfate de fer ; deux grammes par litre d'eau. Cet agent chimique, stimulant le tissu cellulaire, leur fait acquérir un plus gros développement ; c'est à ce moment que le puceron lanigère apparaît sur le Pommier, on le détruit, en lessivant la place attaquée avec une forte dissolution de cendres.

JARDIN D'ORNEMENT.

Dans le jardin d'ornement, nous mentionnerons les travaux déjà signalés le mois précédent, tels que : arrosages, binages, sarclages. Le jardinier doit de même surveiller la bonne tenue des plantes et les tuteurer aussitôt qu'elles le demandent.

C'est principalement dans ce mois que l'on sème toutes les plantes vivaces et bisannuelles, dont la plupart fleuriront l'année prochaine, telles que : l'Alysse ou Corbeille d'or, la Benoite écarlate, la Campanule pyramidale blanche, bleue ou rose, la Cupidone bleue, la Coquelourde, la Fraxinelle, la Gaillarde aux couleurs si vives, qui lui ont valu le nom de Peinte, la Gentiane acaule, la Giroflée cocardeau, la Ravenelle, le Lobelia cardinalis et ses variétés, le Lin à fleur bleue, les Lupins vivaces, le Lychnis ou Croix de Jérusalem, le Muflier, le Myosotis des Alpes, le Morina longifolia, l'OEillet flamand, fantaisie, l'OEillet de poète, l'Oreille d'ours, le Pavot à bractées, le Pied d'alouette vivace, le Phlox vivace, les Pois vivaces, la Primevère des jardins, la Rose tremière, la Sauge étalée, les Cinéraires hybrides, les Pyrèthres, la Valériane rouge. Vers la fin du mois on commencera à semer des Calcéolaires hybrides.

Comme plantes annuelles, on pourra orner les massifs pour la fin de l'été, avec des Balsamines, Belle-de-Jour, Capucine naine, Chrysanthèmes, Collinsia bicolore, Coréopsis élégant, Godetia rubicunda, la Julienne de Mahon, les différentes variétés de Lupins annuels, rose, bleu, jaune, changeant, etc., l'OEillet d'Inde, le Phlox de Drummond, le Pourpier à grande fleur, le Souci, le Zinia double et beaucoup d'autres encore, dont la croissance rapide feront l'ornement de l'arrière saison.

Il faut tailler : les Forsythia, les Lilas, les Ribes et autres arbustes dont la floraison printanière vient de s'effectuer.

On continue le repiquage des plantes annuelles semées les mois précédents, tels que : Zinias, Reines-Marguerites, Pétunia, Balsamine, Tagetes, etc.

On arrache : les Jacinthes, Tulipes, Crocus, Narcisses et autres plantes bulbeuses, lorsque les feuilles jaunissent, on les fait sécher à l'ombre pour les rentrer après en lieu sec. Il est reconnu que les ognons de Jacinthes acquièrent de la qualité en séjournant environ trois semaines sous terre après l'arrachage.

On met en place les plantes que l'on a multipliées en vue de l'ornement des massifs ; nous n'en rappellerons point les noms, laissant à chacun le soin de choisir suivant ses goûts. Mais il serait à désirer qu'on dispersât dans le jardin à bonne exposition et un peu à l'ombre les plantes de la serre tempérée qui font l'ornement des appartements pendant l'hiver. C'est ainsi que l'on met en pleine terre de bruyère déposée à cet effet, des Ficus élastica, Chauvieri, les Dracœna congesta, Rubra, Australis, les Chamœrops excelsa, Fortunei, Sabal Adansonia. La pleine terre du jardin convient bien aux Aralia paperyfera, Sieboldi, Cyperus papyrus, Wigandia, Ferdinanda, etc.

Toutes ces plantes s'y comportent très bien et acquièrent un très-beau développement. Les Begonias si riches par leur floraison continuelle, viennent bien tout-à-fait à l'ombre.

Nous ne parlerons des engrais liquides, que nous avons décrits le mois précédent, que pour en préconiser l'emploi, parce qu'ils sont le complément d'une bonne culture.

C'est dans ce mois que le jardin d'ornement se trouve le mieux fleuri, tant par les plantations que l'on vient de faire dans les massifs, que par les plantes vivaces qui s'y trouvent. Les arbres et arbustes sont la plupart dans leur beauté.

SERRES ET ORANGERIE.

L'orangerie est presque complètement dégarnie, il ne reste plus que les plantes un peu souffrantes, auxquelles on donne des bassinages fréquents pour les rappeler à la végétation.

La serre demande de plus en plus des soins contre les excès de chaleur auxquels on obvie, soit par des claies, ce qui est préférable, soit par un lait de chaux dont on enduit la surface extérieure des carreaux ; les arrosages doivent se faire le soir, avec de l'eau à la température de la serre, et l'on diminue la chaleur et la sécheresse par des seringages, que l'on répète au moins deux fois par jour.

Ce mois est très bon pour donner un rempotage aux plantes de la serre chaude avant qu'elles entrent en végétation.

La serre se trouve fleurie, par les collections de Calcéolaires hybrides, les Pélargoniums à grandes fleurs, les Abutilons, les Gloxinias, les Achimenes et presque toutes les Gesneriacées. Les Géraniums zonales sont élevés en plein air et viendront succéder aux Pélargoniums à grande fleur, les Bégonias, Calladiums, Dracœna terminalis et autres plantes aux feuillages admirables, attirent nos regards.

JUILLET.

Le mois de juillet est reconnu par tous les praticiens comme le dernier mois de l'année horticole. Les opérations et les semis qui sont indiqués dans les mois qui vont suivre seront faits en vue de donner leur production l'année suivante.

En conséquence s'il est quelque portion de terre du jardin potager ou d'ornement à ensemencer, ce n'est qu'avec quelques variétés peu nombreuses et d'une croissance rapide qu'il sera possible d'obtenir des produits jusqu'à la fin de l'automne.

JARDIN POTAGER.

Nous ne saurions passer sous silence le ratissage de toutes les plates-bandes, opération qui, tout en détruisant les plantes nuisibles, empêche le sol de se dessécher, en isolant la superficie de la terre.

On pratique le sarclage et les arrosements autant que la nécessité le fait sentir.

On continue le repiquage à demeure du Céleri qui, passé ce mois, ne pourrait arriver à un développement suffisant pour être blanchi.

On plante également les Choux de Milan gros et petit, les deux variétés de Quevilly, les Choux de Bruxelles, etc., les Choux fleurs demi-durs, pour l'automne et l'hiver, et les Brocolis pour le printemps.

On sème en place ou l'on repique les Laitues paresseuses, romaines, Méterelle, les Chicorées.

On repique, pour passer l'hiver, du Poireau gros court de Rouen.

Dans les premiers jours de juillet, on tord ou on abat les tiges des ognons qui, semés en février dernier, donneront leur produit pour l'hiver.

On sème les dernières Chicorées et Scaroles.

Au commencement du mois, on peut faire encore des Carottes courtes et demi-longues ; passé le milieu de juillet il ne resterait point assez de temps pour qu'elles arrivassent à leur grosseur.

On sème du Persil, du Cerfeuil, des Radis et des Raves, des Epinards si prompts à porter graines qu'ils doivent être renouvelés souvent.

On peut également semer au commencement de ce mois des Haricots précoces pour manger en vert.

Nous rappelons que les Haricots à rames doivent être ramés lorsqu'ils montrent leurs filets.

On sème des Navets précoces et le Navet de Freneuse.

Il est reconnu que ces semis doivent être faits assez clairs pour ne point être détassés, car ils sont susceptibles de devenir tachés lorsque on est obligé de les éclaircir.

On sème encore des Pois en ayant soin de reprendre les variétés précoces que nous avons indiquées pour le premier printemps.

On sème enfin les Scorsonères qui seront susceptibles d'être mangés l'été suivant.

On continue aux Melons les mêmes soins que nous signalions les mois derniers. Cependant s'il y avait des fruits qui ne fussent point abrités, on devrait de préférence les couvrir.

JARDIN FRUITIER.

Le jardin fruitier réclame peu de soins pendant ce mois. Les pincements, le palissage de la Vigne et du Pêcher se poursuivent, on attache les bourgeons de prolongement au fur et à mesure qu'ils se développent, on pince les bourgeons des greffes suivant la forme qui leur est assignée ; à la fin du mois, commence l'écussonnage à œil dormant, du Prunier, dont la végétation cesse de bonne heure.

Pour faire acquérir aux fruits un plus beau volume, ne retardons point davantage à faire tomber les fruits en trop grand nombre ou mal placés ou susceptibles de nuire aux autres.

M. Dubreuil nous recommande de les bassiner une seconde fois lorsqu'ils ont atteint la moitié de leur grosseur, et comme nous le disions le mois précédent, avec de l'eau tenant en dissolution deux grammes de sulfate de fer par litre ; il faut faire cette opération en temps sombre. Il a été constaté aussi qu'un fruit soutenu dans sa position première acquérait un plus beau développement, son poids n'agissant plus sur son pédoncule.

Nous avons recommandé le mois dernier de pratiquer l'incision annulaire sur la Vigne, c'était un moyen d'empêcher la coulure et de favoriser l'accroissement de la grappe. On peut encore le faire et l'appliquer aussi, mais partiellement, sur les bourgeons du Poirier, Pommier, si l'on désire favoriser les fruits.

On continue la taille en vert, ou taille d'été, sur les bourgeons ramifiés en conservant la bifurcation la plus rapprochée de la branche mère. Eviter la confusion et donner de l'air et de la lumière à tous les bourgeons est la règle qui doit guider le jardinier.

En ce mois on commence à récolter les premières Poires : la Madeleine, le Doyenné de juillet et la Colorée de juillet.

Rappelons que les fruits d'été doivent être cueillis huit à dix jours avant la maturité, qui est annoncée par un commencement de teinte jaunâtre. Ils perdent beaucoup de leur qualité lorsqu'ils mûrissent attachés à la branche.

Les Cerises, les Prunes et les Abricots donnent abondamment.

JARDIN D'ORNEMENT.

Le jardin d'ornement est à cette époque complètement garni de fleurs. On le maintient dans son état de propreté par des ratissages ; on pince, on tuteure, et l'on arrose les plantes suivant le besoin.

Un paillis, fait avec de la mousse, ou avec du fumier court, empêche la terre de se dessécher, autrement, on y remédie par des ratissages fréquents. Pour l'année suivante, on peut encore semer toutes les plantes vivaces et bisannuelles que nous avons conseillé le mois dernier, telles que : l'Alysse ou Corbeille-d'Or, la Benoite écarlate, l'Ancolie, l'Anémone des fleuristes, la Buglosse d'Italie, les Calcéolaires hybrides ou herbacés, les Cinéraires hybrides, la Cupidone bleue, la Coquelourde, la Gaillarde, la Giroflée cocardeau, le Lobelia cardinalis, la Lunaire, qui fleurit très-bien sous les arbres.

On sème les Lupins vivaces, le Myosotis des Alpes, le Silène rose, l'Œillet des poëtes, l'Œillet double varié, les Primevères de pleine terre, le Pied-d'Allouette vivace, les différentes variétés de Pyrèthre, les Roses tremières, le Sainfoin d'Espagne, la Valériane des jardins.

Nous recommandons pour remplacer les plantes qui pourraient disparaître en ce moment, la Belle-de-Jour, la Campanule miroir-de-Vénus, le Clarkia pulchella rose et blanc, le Némophile bleu, la Giroflée de Mahon, le Phlox de Drummond, le Pourpier à grande fleur, le Réséda, le Zinia double varié, etc.

Lorsque les Rosiers ont donné leur floraison, chaque rameau doit être taillé à deux yeux au-dessous de l'inflorescence.

On continue d'apposer aux Eglantiers des écussons, qui maintenant seront à œil dormant, si on a soin de ne point rabattre l'églantier.

Le jardin d'ornement est abondamment orné par les plantes vivaces, les plantes à bannettes, les Hortensias, les Rosiers, etc., et si les arbres et les arbrisseaux ne donnent plus les fleurs abondantes du mois dernier, leurs feuillages si divers charment les yeux par leur contraste.

SERRES ET ORANGERIE.

Les serres et l'orangerie sont en grande partie dégarnies en faveur du jardin d'ornement. Elles ne contiennent plus que les végétaux des contrées tropicales, qui, soit qu'ils se trouvent réunis en collection ou en exemplaires intéressants, excitent notre admiration, par leur élégance ou la beauté de leur coloris. Il est très-avantageux d'orner les serres avec les Bégonias, Gloxinias, et autres Gesneriacées, qui en hiver sont privées de végétation, elles laissent la place libre en automne pour la rentrée des plantes du jardin d'ornement.

On repique sous châssis en pleine terre ou en pot dans de la terre de bruyère additionnée d'un peu de terreau de feuilles, les Primevères de la Chine lorsqu'elles ont deux feuilles.

On doit profiter de ce mois pour restaurer la toiture, soigner la peinture et le vitrage de la serre et des châssis. On met les fourneaux en bon état.

AOUT.

JARDIN POTAGER.

Toutes les parties du jardin qui deviennent libres doivent être utilisées et mises à profit pour jouir des trois mois de végétation que nous avons encore devant nous, ainsi par exemple :

Lorsque les Melons de première saison, faits sous châssis, sont épuisés, on utilise la couche, en y repiquant des Choux fleurs demi-durs, des Chicorées et des Scaroles.

On plante en plein carré les dernières Chicorées et Scaroles, qui plus tard n'arriveraient pas.

On sème l'Angélique aussitôt que la graine est arrivée en maturité. Les Epinards, qui maintenant ne monteront plus à graines que le printemps prochain, des Mâches, pour être consommées dès le mois d'octobre, le Navet de Martot pour l'hiver, du Persil, du Cerfeuil et du Radis rose, les Laitues Morine, Passion et brune d'hiver, qui devront être repiquées sur un ados, ou à l'abri d'un mur.

Dans la deuxième quinzaine du mois on sème de l'Ognon blanc, les Choux d'York hâtifs, le superfin hâtif, les Cœurs-de-Bœuf, qui devront passer l'hiver en pépinière, pour être mis en place au printemps. C'est la meilleure époque de semer le Cerfeuil bulbeux ; il ne lève quelquefois que l'année suivante. Le Céleri qui a été fait de bonne heure, est assez fort pour être butté.

A la fin d'août, les premiers semis d'Ognons sont arrivés à parfaite grosseur. On profitera d'un beau temps pour les arracher et les laisser sécher sur le sol.

Dans cette saison, il arrive souvent que les carrés de Poireaux sont attaqués par une chenille qui ronge le centre de la plante ; on doit y remédier immédiatement en la coupant presque rez-terre et s'assurer que l'insecte est bien dans la partie coupée, les Poireaux repoussent alors immédiatement.

On arrache les Pommes de terre au fur et à mesure de leur maturité, on les rentre dans des celliers bien secs, lorsqu'elles sont suffisamment séchées sur le sol.

C'est la meilleure époque pour refaire les plantations de Fraisiers, rappelons que pour les conserver en bon état de production ils doivent être refaits tous les trois ans.

La culture forcée du Fraisier commence en ce mois. On prend du plant d'un an et l'on en met trois par pot de quatorze à quinze centimètres, on facilite la reprise par des arrosements et en les mettant à mi-ombre, jusqu'à l'approche des premières gelées, pour être hivernés ensuite sous châssis.

On visite les plantes laissées pour porte-graines pour les tuteurer, les abriter et les recueillir s'il y a lieu.

JARDIN FRUITIER.

Les travaux à faire dans le jardin fruitier consistent à écussonner les arbres que l'on veut remplacer par telle ou telle variété plus avantageuse. C'est la meilleure époque pour écussonner le Coignassier, on attendra la fin du mois pour l'Amandier qui est en végétation jusqu'aux premières gelées.

Nous ne saurions trop appeler l'attention du jardinier, sur la greffe en écusson, pour parfaire aux mauvaises dispositions d'une branche de charpente ; c'est pourquoi à cette époque il devra visiter les arbres et examiner si les yeux, sur lesquels devra porter la taille prochaine, sont bien placés et bien constitués, car il serait en ce moment facile d'y porter remède par l'écussonnage que nous conseillons.

On fait la récolte des fruits d'été. On a soin de les cueillir quelques jours avant leur maturité, pour qu'ils acquièrent de la qualité au fruitier.

On fait l'épamprement de la Vigne, opération qui consiste à découvrir les grappes en supprimant les feuilles qui les recouvrent.

On doit faire cette supression progressivement, afin de ne point mettre les grappes trop promptement à découvert. Autrement, la peau du Raisin durcirait sous l'action brusque des rayons du soleil.

On découvre également les Pêches, mais en supprimant seulement les trois-quarts de chaque feuille.

JARDIN D'ORNEMENT.

Le jardin d'ornement est dans toute sa beauté, les massifs sont complètement fleuris.

Les tuteurer, les pincer et les arroser, sont toujours des opérations à pratiquer.

On repique les plantes vivaces semées en juin. Nous ne conseillerons de semer que des Calcéolaires hybrides, l'Œillet de la Chine, des Roses tremières, la Gaillarde, le Myosotis et le Silène rose, nous réservant de vous indiquer dans le mois prochain, les semis des plantes qui passeront l'hiver en pleine terre ou sous châssis, pour faire l'ornement du jardin au premier printemps.

On plante comme plantes bulbeuses : les Fritillaires ou Couronne impériale, des Muscaris odorantes et monstrueuses, des Perce-Neige, des Scilles.

C'est la meilleure époque de planter les Lis blancs pendant qu'ils sont au repos.

On continue d'écussonner les Eglantiers et l'on commence la multiplication des plantes à bannettes qui devront passer l'hiver dans la serre, ou sous châssis.

ORANGERIE ET SERRES.

La température est encore très-bonne, les nuits pendant ce mois sont encore assez chaudes pour qu'il ne soit pas nécessaire de faire de feu dans les serres chaudes.

Nous ne conseillerons de rempoter que les plantes qui par leur état de végétation exigent cette opération. On repique ou l'on rempote les Primevères de la Chine, les Cinéraires hybrides, les Calcéolaires semés précédemment.

On plante en pot par quatre ou cinq Ognons dans chacun, les Ixias, les Sparaxis, les Triteleia uniflora, qui devront passer l'hiver sous châssis. Nous croyons rappeler que la terre la plus convenable aux plantes bulbeuses, est celle composée en parties égales de terre franche, terre de bruyère, et terreau de feuilles.

On rempote entièrement à nouveau les Cyclamens de Perse.

On doit préparer les serres pendant ce mois pour la rentrée des plantes qui aura lieu au commencement du mois prochain. Ainsi donc les réparations de chauffage, vitrage et de peinture devront être entièrement terminées.

SEPTEMBRE.

JARDIN POTAGER.

La terre est encore couverte de tous les légumes de l'automne; les Melons disparaissent peu à peu, l'Ognon se rentre, on récolte les porte-graines qui sont en état de maturité.

On continue de semer : des Choux précoces, tels que : Choux d'York, pain de sucre, et cœur de bœuf.

Les Choux fleurs, petit et gros Salomon, le demi-dur et le dur, pour être repiqués en ados ou sous châssis pour passer l'hiver et être livrés à la pleine terre au printemps.

On sème de la Laitue gotte et crêpe pour être plantée sous cloches ou sous châssis à froid.

On couche sous terre : les Cardons, on lie ou l'on couvre d'une assiette la Chicorée et la Scarole, en vue de les faire blanchir; on commence à butter le Céleri.

On sème encore : de la Chicorée sauvage, des Radis roses, du Cerfeuil, de la Raiponce, des Navets, des Epinards qui produiront jusqu'au printemps, les Laitues passion, morine et palatine; l'Ognon blanc, rouge pâle de Niort, cholet, qui, semés en ce moment, donneront à l'été prochain de très beaux produits; du Poireau gros court de Rouen. C'est ce que nos maraîchers appellent Ognon et Poireau de Saint-Michel.

Enfin, on met les coffres en état, on fait des paillassons pendant le mauvais temps, on amasse les fumiers pour la culture des primeurs qui commencera au mois de novembre.

JARDIN FRUITIER.

On continue les opérations du pincement des bourgeons qui se développent outre mesure.

On termine le palissage des Pêchers.

Il faut découvrir les fruits trop ombragés, pour leur donner de la coloration.

On écussonne le Pêcher, qu'une trop grande végétation avait empêché d'écussonner plus tôt, dans la crainte de faire développer les yeux. On profite de cette opération pour remédier au vide des branches de charpente des arbres en espalier, et pour placer l'œil combiné, sur lequel devra porter la taille prochaine.

On enveloppe les plus belles grappes de Raisin de sacs en crin, préférablement à tous autres sacs, pour les préserver des oiseaux, des mouches et autres insectes.

Si l'on a posé des écussons dans le mois précédent, il est nécessaire d'en desserrer les liens par suite du grossissement de l'arbre.

On récolte les dernières Prunes, telles que : la Prune Kirke's, Coés Golden Drop, plus connue chez nous sous le nom de Goutte-d'or, les Reine-Claude dorée, violette et de Bavay, celles-ci acquièrent de la qualité avec huit ou dix jours au fruitier.

On cueille, les Poires d'Epargne, appelées chez nous Cueillette, le Beurré d'Amanlis, le Bon-Chrétien Williams, la Louise-Bonne.

La récolte des Pêches d'automne se continue, il faut éviter de les presser fortement pour les détacher. Celles qui résistent au premier effort, doivent être laissées sur la branche.

Au fur et à mesure que la récolte des fruits s'achève sur un arbre, il est de bonne pratique de redescendre la taille sur les bourgeons de remplacement, pour que ceux-ci profitent du reste de la végétation.

JARDIN D'ORNEMENT.

Le mois de septembre est le dernier mois des splendeurs du jardin d'ornement, les pluies, les vents et les froids du mois suivant, viendront en faire passer la beauté.

Les plantes susceptibles de se rompre par le vent, comme les Dahlias, les Reines-Marguerites et autres, doivent être tuteurées fortement.

On sème les graines de fleurs, qui, pour la plupart, fleuriront de bonne heure au printemps.

Celles qui peuvent passer l'hiver semées en place sont : la Campanule miroir de Vénus, le Barbeau varié, le Clarkia pulchella rose et blanc, l'Escholtzia de Californie, le Coquelicot double varié, le Coréopsis élégant et ses variétés, l'Eucharidium grandiflorum, la Julienne de Mahon à fleur rose et à fleur blanche, le Pied d'alouette nain et des blés, la Saponaire de Calabre, le Silène pendant à fleur rose et à fleur blanche, le Thlaspi blanc et violet, le Collinsia bicolor.

Si l'on se trouve sur un terrain froid, ces plantes se cultivent en petits godets, sous châssis, pour être mises en place au printemps.

D'autres demandent l'abri d'un châssis, puis on les repique en mars à leur place dernière. Telles sont le Brachycome, la Coquelourde rose du ciel, le Némophile, l'Immortelle à bractées, le Lin à fleur rouge, le Lobelia erinus et autres, le Nierembergia gracilis, le Phlox de Drummond, la Verveine hybride, etc.

Ce mois est le plus favorable pour la plantation des plantes bulbeuses.

On met en terre : les Anémones à fleur simple et à fleur double, les Colchiques, que nous voyons en fleur pendant ce mois, les Cyclamens d'Europe, qui sont également en fleur, les Fritillaires, les Hémérocalles, les Jacinthes de pays et les belles variétés de la Hollande, les Jonquilles, Crocus, Tulipes, Narcisses, Perce-Neige, les Amaryllis belladone, les Muscaris.

C'est le meilleur moment de planter les Pivoines herbacées et en arbre. Ces plantes entrant en végétation de très bonne heure au printemps.

On doit préférer l'automne à toute autre époque, pour semer les Graminées fines, pour gazon, dans les terrains arides et secs.

Nous sommes dans le dernier mois pour la bonne réussite des boutures des plantes du jardin d'ornement.

Avec les Dahlias, Reines-Marguerites, Balsamines et toutes les autres plantes à bannettes, nous voyons fleurir les Hortensias ; les Rosiers donnent en grande partie une deuxième floraison; le Sorbier offre ses fruits aux oiseaux, le Lagerstrœmia indica, fait admirer ses gracieuses fleurs roses.

SERRES ET ORANGERIE.

Au fur et à mesure que l'équinoxe d'automne approche, le soleil perd de la force, il n'est plus besoin d'ombrer autant, les plantes reçoivent le rempotage, lorsque celui-ci se trouve nécessaire par suite de manque de nourriture.

Les arrosements cessent d'être faits le soir, on les pratique dorénavant le matin.

A partir du 15 de ce mois, on commence la rentrée des plantes de serre chaude, qui ont fait, pendant la belle saison, l'ornement du jardin.

On rentre les Camélias et les Azalées, dont on veut faire avancer la floraison.

On met en pot : les Ognons de Tulipes, de Duc Tholl la plus hâtive, Tournesol à fleurs doubles et autres variétés, la Jacinthe romaine et les Jacinthes de Hollande, si préférables à celles de nos pays. On doit les laisser s'enraciner pendant quelque temps, et la meilleure pratique consiste à enterrer les pots à bonne exposition dans le jardin, pour ne les rentrer dans la serre, que quelques semaines avant les mois de janvier et de février, époque de leur floraison.

Ce ne sera que le mois prochain que nous rentrerons les plantes de serre froide et d'orangerie.

OCTOBRE.

JARDIN POTAGER.

Ce mois qui voit s'achever la végétation, ne permet plus de faire en pleine terre que quelques semis : du Cerfeuil, des Epinards.

On met en place les Laitues que l'on a semées pour l'hiver.

Dans les premiers jours de ce mois on repique en pépinière, les Choux d'York, Cœur-de-Bœuf et autres qui seront mis en place vers la fin du mois.

On repique les Choux fleurs demi-dur et le dur dans des tranchées préparées où ils passent l'hiver en les couvrant de paillassons pendant les neiges.

Il est très-profitable de rentrer les vieux pieds de Persil sous châssis, les plantes d'Oseille, et d'y semer du Cerfeuil pour en avoir pendant les gelées et les neiges.

On finit de butter le Céleri, et par un beau temps on lie les Chicorées et la Scarole qui peuvent être plus avantageusement blanchies avec des jattes en terre cuite.

A la fin du mois l'on rentre dans la cave à légumes les produits nécessaires à la provision de l'hiver, tels que : Carottes, Navets, Chicorées, Scaroles, Céleri, Pommes de terre, Potirons, Sucrine, Bonnet-de-Turc, et autres, etc.

On y plante également les pieds de Chicorée sauvage, soit en barils, soit en plates-bandes, pour faire de la Barbe-de-Capucin.

On fait les couches à Champignons, on prépare le buttage des pieds d'Artichauts, qui ne devra pas dépasser la fin du mois ; pour cela on coupe les feuilles du pourtour, ne laissant que les feuilles du centre, puis on donne un labour grossier.

Aussitôt les tiges d'Asperges séchées, on les coupe à 20 centim. du sol, puis on retire la terre qui les recouvre que l'on met s'aérer en monticules entre les rangs. On a soin si quelques griffes ont disparu d'en remarquer la place pour le moment de la plantation qui se fera en février.

Sous cloches ou sous châssis. — On sème les Laitues gotte, crèpe et romaine verte, qui seront repiquées dans le mois prochain sur couches. Veut-on manger des Pois pendant l'hiver, on sème les Pois nains très-hâtifs, tels que : le Gontier, le Nain de Hollande, le Beck's-Gem.

JARDIN FRUITIER.

Les principaux travaux du jardin fruitier consistent dans la récolte des fruits.

Pour les variétés qui se cueillent au commencement de ce mois, telles que : l'Urbaniste, le Saint-Michel, l'Amboise, la Duchesse d'Angoulême, Beurré Diel, et bien d'autres, il sera bon, après la cueille, de faire passer la sève au profit des autres boutons au moyen de la taille en vert.

La récolte de tous les fruits doit se faire dans ce mois, lorsqu'ils ont acquis tout leur développement et avant la cessation complète de la végétation. Il est constaté dans la pratique que ceux cueillis après cette époque sont moins savoureux et se conservent moins facilement. Cette opération doit se faire par un temps sec, puis on laisse les fruits sécher dans un local bien aéré, pour les transporter ensuite sur les tablettes du fruitier.

Il doit être visité tous les huit jours pour enlever ceux qui commencent à se gâter, mettre à part ceux qui sont mûrs, et détruire, si besoin est, la surabondance d'humidité en plaçant des morceaux de chaux vive dans des vases.

La récolte du Raisin ne se fait que lorsqu'il est parfaitement mûr, et le plus tard possible. On conserve les grappes, soit en les suspendant par l'extrémité opposée du rachis, soit en coupant avec la grappe une partie du sarment qui la porte et en plongeant aussitôt ce sarment dans une fiole d'eau, contenant quelques morceaux de charbon de bois. Ce second procédé vaut mieux en ce sens que les grains de raisin perdent peu de leur volume. On doit placer les grappes et les sarments dans un endroit sec et à température égale.

Si l'on a quelques arbres à remplacer, il est préférable d'ouvrir les trous à l'avance et de mettre la terre ainsi sous l'action de l'air et des pluies fertilisantes.

JARDIN D'ORNEMENT.

Le jardin d'ornement, paré encore des fleurs de la saison, va se trouver bientôt dégarni par les pluies froides de l'automne. On continue les travaux de propreté et l'on exécute les dernières plantations: de Chrysanthèmes, de Roses de Noël.

On divise et l'on plante les plantes vivaces qui végètent de très-bonne heure au printemps, telles que : les Pivoines herbacées et en arbre, les Hémérocalles, les Hépatiques, les Pavots à bractées, les Dielytra, etc. Nous sommes dans le moment le plus convenable, pour planter les Ognons à fleurs de Tulipes, Crocus, Narcisses et Jacinthes. Le meilleur mode de plantation consiste à enlever une bêchée de terre, puis à engraisser le fond du sol, sur lequel une fois plantés l'on n'aura plus qu'à recouvrir les Ognons, avec la terre qui en avait été extraite.

On met en pépinière ou l'on forme des massifs avec le Silène rose, le Myosotis bleu et blanc, la Ravenelle, les Primevères de jardins, les Auricules; on arrache les Glayeuls qui craignent la gelée.

Dans le commencement de ce mois, l'on pourrait encore semer en place les quelques plantes annuelles que nous avons conseillé le mois dernier.

On relève de la pleine terre pour les mettre en pots les Fuschsias, Plumbago, Aralia, Calladium, et beaucoup d'autres que la moindre gelée pourrait détruire. On arrache les Cannas; un bon mode de conservation pour ces derniers est de les mettre en tas dans un endroit sec du jardin ; on place les tiges en dessous et on élève ainsi les rhizomes, entremélés de terre, en monticule. On n'a plus qu'à empêcher les pluies et la gelée d'y pénétrer.

A l'approche des premiers froids on couvre de feuilles sèches, ou l'on entourre de paille, les plantes que la rigueur de notre atmosphère humide pourrait faire souffrir. Quelques-unes demandent à être couvertes d'un pot vide, pour éloigner l'humidité. Telles sont : les Pentstemons, les Rhubarbes, le Gunnera, les Gynériums, les Yucca, etc., l'on rempote et l'on met sous châssis les plantes que l'on a bouturées dans les mois précédents.

Il est bon de rappeler que, dans les terrains sableux, il est préférable de semer les graminées pour gazons à l'automne.

SERRES ET ORANGERIE.

On ne doit pas dépasser les premiers jours d'octobre pour rentrer toutes les plantes de l'orangerie : Orangers, Citronniers, Myrtes, Aralias et tant d'autres. On les y dispose avec goût et suivant le degré de leur végétation. Il en est comme le Datura en arbre, le Laurier rose, le Grenadier, que la place la moins éclairée ne gênera pas.

La collection d'Erica tenue à mi-ombre, pendant l'été, se rentre sous châssis ou sur les tablettes de la serre tempérée avec les Camélias et les Azalées.

Il faut veiller à ce que l'humidité, qui est ordinairement si abondante au dehors, ne pénètre pas dans la serre ; on y remédie en faisant du feu et en donnant de l'air.

Comme les plantes terminent leur végétation, il faut modérer les arrosements et n'en donner qu'autant qu'elles paraissent en avoir besoin.

Les Gloxinias arrivant à la fin de leur végétation, on doit, lorsque les fleurs sont tout-à-fait épuisées, couper les tiges à un ou deux centimètres de terre et tenir encore quelque temps la terre un peu humide. Quinze jours après cette opération on ne les arrose plus et on les place sous les tablettes de la serre chaude, à l'abri de toute humidité.

Il en est de même des Bégonias tubéreux ; ceux qui offrent un rhizome ont besoin d'être arrosés de temps en temps pour ne point se dessécher totalement. Les Tydéa, et, en un mot, toutes les Gesnériacées se traitent de la même façon.

Pour les Calladiums qui ont orné nos serres chaudes, ils ne se conservent bien qu'autant qu'ils ont desséché très-promptement.

En mauvais temps il faut préparer les paillassons, qui serviront à la couverture les mois suivants.

NOVEMBRE.

JARDIN POTAGER.

Plein air. — En disant adieu aux derniers beaux jours de l'automne, l'on ne tarde pas à entrer dans la saison des pluies et des nuits froides, annonçant que l'hiver est proche et que la végétation touche à sa fin.

Aussi au fur et à mesure que la terre se dépouille de ses produits, doit-on lui donner un gros labour, pour permettre aux pluies et aux gelées de pénétrer dans le sol.

Par un beau temps on butte les Artichauts et l'on dispose de la litière ou des feuilles pour les couvrir lors des grands froids.

On finit de butter le Céleri.

A la meilleure exposition du jardin, l'on plante les Laitues d'hiver, telles que: Passion, Morine, Gotte, et même la Palatine, semées le mois précédent.

En fait de semis on hasarde les premiers pois précoces en les plaçant au pied d'un mur. Il faut avoir soin, à mesure qu'ils sortent de terre, de les motter. Les Fèves de marais hâtives se traitent de la même façon.

Culture forcée. — Si la saison ne permet guère de faire de semis en pleine terre, c'est dans ce mois au contraire que commencent les travaux pour les primeurs.

Dans les premiers jours, on fait des couches pour y repiquer sous cloches ou sous châssis, des Laitues, Crêpe, Gotte ou Romaine verte.

A la fin du mois seulement, on chauffera les Asperges pour en avoir en janvier ; deux procédés sont préconisés : dans le premier, on met les griffes sur couches recouvertes d'une forte épaisseur de terreau; dans le second, on pratique une tranchée, soit entre chaque rang, soit au tour de la planche, suivant le mode de plantation, puis on l'emplit de fumier chaud, bien tassé. Ce second moyen permet après la récolte de recommencer deux ans après.

Ce n'est que dans le mois de décembre qu'il est dans la pratique de faire sur couches les Carottes hâtives, Radis, Pommes de terre et divers autres légumes de primeurs.

On doit se mettre en garde contre les mauvais temps et serrer dans la cave les légumes que l'on veut conserver.

C'est ainsi que l'on y met en terre les Choux fleurs, que leur grosseur moyenne ne permettrait point de manger. On les rentre avec leur motte et ils continuent de croître.

Comme nous le disions le mois précédent pour avoir de la Barbe-de-Capucin, il suffit de rentrer les racines de Chicorée sauvage, semée au printemps. L'on rentre également dans la cave tous les légumes verts, tels que : salades diverses, Choux, Céleri, Cardons, les racines de Carottes, Navets, Salsifis, etc.

C'est le moment de faire des Champignons. Pour cela on assemble à l'avance du fumier bien imprégné d'urine, crottin, etc., soit de cheval, d'âne ou de mulet, puis on le laisse fermenter. Au bout d'une huitaine de jours, on le remanie de nouveau et ce n'est que l'orsqu'il offre une température constante de 15 à 20° + qu'on le met dans la cave, soit en pente le long du mur, soit en dos d'âne, dans le milieu de l'appartement. Le fumier, ainsi préparé, on le recouvre de peu de terreau et, lorsqu'il entre en fermentation, on a soin de bien observer l'état de chaleur, car c'est de là que dépend tout le succès de l'opération. On darde la couche avec du levain du Champignon. Un mois, six semaines après, les Champignons se développent et la couche peut durer deux et trois mois.

JARDIN FRUITIER.

Ce mois est employé pour les plantations en général. Pour remplacer les arbres morts ou défectueux, on profite d'un beau temps pour ouvrir les trous et changer la terre qui a nourri le sujet précédent. En pratiquant de bonne heure cette plantation, il se forme pendant l'hiver grand nombre de radicelles qui assurent la reprise de l'arbre.

Pour les grandes formes, dans les terrains légers, la profondeur des trous sera de un mètre et, dans les terres fortes, de quatre-vingt centimètres; seulement, la largeur varie de un mètre cinquante à deux mètres selon la profondeur. Dans les terres légères, sableuses ou calcaires, on ne devra planter que des arbres greffés sur franc, s'il s'agit de Poirier, et sur Amandier s'il s'agit de Pêcher. A ceci, il faut excepter ceux à petites formes qui, a cause de leur peu de surface a couvrir se contenteront du Coignassier ; tandis que, au contraire, les arbres à grandes formes devront être préférablement greffés sur franc.

Dans les terrains forts qui retiennent assez d'humidité, le Coignassier pour le Poirier, et le Prunier pour le Pêcher, donneront aux arbres une vigueur moyenne, qui permettra de récolter des fruits plus savoureux. Il est cependant des variétés telles que le Doyenné d'hiver, le Beurré Clergeau, le Bon-Chrétien Williams, le Van Mons Léon Leclerc, etc., qui doivent toujours être greffés sur franc.

On ne doit point passer les premiers jours de novembre sans cueillir tous les fruits. Attendre davantage serait nuire à leur qualité et à leur conservation.

Le fruitier est alors orné de toutes ses richesses, et comme nous le disions le mois précédent, le seul soin à y apporter est d'écarter tous les fruits qui se gâtent et qui arrivent en état de maturité. La pratique a démontré que le voisinage des fruits mûrs avançait considérablement la maturité des autres.

On doit toujours éviter dans le fruitier l'excès d'humidité ; on en enlève la surabondance avec du sel ou de la chaux vive, que l'on renouvelle.

Il est de bon usage de dépalisser les arbres en espaliers pour que la lumière donne de la force aux rameaux.

JARDIN D'ORNEMENT.

Malgré le peu de beautés que renferme en cette saison le jardin d'ornement, il doit recevoir partout les soins de propreté habituels.

On nettoie les massifs en arrachant les plantes qui ont terminé leur saison. On continue de former les bannettes de Chrysanthêmes qui font l'ornement de l'automne et on remet en place toutes sortes de plantes vivaces ou bisannuelles, qui devront fleurir au printemps, telles que : Myosotis, Ravenelle, Silène, etc.

L'on rentre les tubercules de Dahlias et les Cannas (Voir pour les soins le mois d'octobre).

Ce mois est le plus favorable à la plantation des arbres et arbustes d'ornement. Il faut en excepter cependant les arbustes de terre de bruyère et les conifères qui souffriraient beaucoup des rigueurs de l'hiver.

On plante encore grand nombre de plantes bulbeuses, telles que : Anémones, Crocus, Fritilaires, Jacinthes, Lis blanc, Narcisses, Tulipes, Perce-Neige, etc.

On voit fleurir la Colchique d'automne, les Cyclamens d'Europe, les Roses de Noël et les Chrysanthèmes. Quelques Rosiers bengales, le Laurier tin, etc.

SERRES ET ORANGERIE.

Toutes les plantes de l'orangerie sont rentrées. Les serres sont complètement garnies de tous les végétaux qu'elles doivent abriter l'hiver. Les soins qu'ils réclament exigent de la part du jardinier une assiduité constante.

Chaque jour on doit veiller à ce que la température se maintienne la plus égale possible.

Ainsi pour l'orangerie et la serre froide, la température doit se maintenir de 3 à 8 degrés. On doit donner grand air tous les jours, tant que l'air extérieur n'est point froid.

Dans la serre tempérée, la chaleur doit être de 8 à 12 degrés et enfin la serre chaude ne doit point avoir moins de 12°. On profite d'un rayon du soleil, pour donner de l'air à la serre tempérée.

On doit surveiller les arrosements dans le milieu de la journée et maintenir les plantes dans un état parfait de propreté.

Toutes les plantes molles qui servent à la décoration du jardin d'ornement peuvent, pour la plupart, passer l'hiver sous châssis. Il suffit pour cela d'enterrer une bâche presque à fleur de terre, puis lorsque le temps devient froid on couvre le châssis d'un panneau de bois et par-dessus l'on met la quantité de feuilles qui est nécessaire pour combattre l'intensité du froid. Tous les jours on découvre pour donner de la lumière et, si le temps le permet, on donne grand air.

DÉCEMBRE.

JARDIN POTAGER.

Plein air. — Les nuits froides et humides sévissent ordinairement avec plus de rigueur pendant ce mois. Si l'on n'avait pas un emplacement suffisant pour serrer sa provision de Choux, on les assemblerait le pied dans une tranchée, et la tête inclinée vers le nord ; si la neige était à craindre, il suffirait de les couvrir de litière ou de feuilles sèches pour les en préserver.

Un autre moyen consiste a ouvrir une tranchée de $0^{m}40$ de profondeur, l'on y dépose des branches de bourrées sur lesquelles on dispose les Choux la tête en bas et le pied hors terre. On recouvre le tout avec la terre extraite et en forme de toiture à deux versants.

Il est une vieille habitude qui consiste à semer des graines d'ognons dans les douze jours de Noël, c'est-à-dire du 18 au 30. Ceux qui sont dans cet usage vont même jusqu'à semer sur la terre, si la gelée empêche d'enterrer la graine ; c'est un préjugé croyons-nous, car on réussit aussi bien en faisant cette opération beaucoup plus tard en bonne saison.

Les Fèves et les Pois qui ont été semés le mois précédent seront rechaussés, préférablement avec du terreau, au fur et à mesure qu'ils sortiront.

Si le froid sévit pendant ce mois, on couvre les Artichauts avec la litière mise de côté pour cet usage.

Les autres travaux se bornent à transporter les fumiers et à labourer les terres ; plus l'on divise la terre forte, plus les gelées et les vents secs la rendront friable et propice à la culture du printemps.

On surveille la serre à légumes et l'on enlève tout ce qui pourrait lui donner de l'humidité et engendrer de la pourriture.

Culture forcée. — Les couches réclament les soins nécessités par la saison. On met du fumier sec entre les cloches et on les entoure de bons accots de fumier chaud, car pour la bonne réussite des primeurs, il est d'usage de faire les couches les unes derrière les autres, les séparant d'un sentier de cinquante centimètres qui sera rempli d'un réchaud.

On continue de chauffer les Asperges et de planter sous cloches les Laitues et les Choux fleurs que l'on veut hiverner.

On fait les premiers semis de Carottes hâtives, courtes et demi-longues et c'est en même temps que l'on y sème des Radis qui viendront à être récoltés bien avant celles-ci.

On pose des châssis sur les autres légumes que l'on veut conserver, tels que Persil, Oseille, Cerfeuil, Epinards, etc.

S'il y avait apparence de gelée pendant la nuit, on couvrirait les châssis et les cloches de litière de feuilles sèches, ou de paillassons ; s'il était tombé de la neige, il faudrait avant le lever du soleil, les en débarrasser, pour éviter qu'elle fonde sur les paillassons ou sur les couches, car sans cela elle ne tarderait pas à refroidir les objets que l'on a voulu garantir.

Tous les jours on découvre, et si le temps le permet, on donne de l'air à tous les légumes, car ils ne manqueraient pas de s'étioler.

JARDIN FRUITIER.

Le jardin fruitier ne comporte point d'autres travaux que ceux que nous mentionnions le mois précédent ; c'est-à-dire le remplacement des arbres morts ou défectueux, et le labour des plates-bandes.

Ce ne sera qu'après les grands froids de l'hiver que l'on devra commencer la taille.

On surveille de temps en temps le fruitier, pour prendre les fruits mûrs et retirer ceux qui se gâtent.

JARDIN D'ORNEMENT.

Le jardin d'ornement n'offre plus que le souvenir de la saison passée, et si l'on s'y promène encore, c'est pour y chercher des combinaisons d'ornementation, qui à la saison prochaine, le rendront plus coquet et plus attrayant.

Le jardinier n'a de soins à avoir que pour l'entretien de ses allées et les labours des plates-bandes et massifs, c'est pendant ce travail que la fumure d'hiver et le renfouissage des feuilles doivent s'opérer. On continue les plantations nécessaires d'arbres et d'arbustes. Si la température n'est point trop rigoureuse, on enlève les parties de bois mort et on commence l'élagage des grands arbres, qui par leur développement cachent les points de vue et ombragent les massifs.

Les arbustes et les arbrisseaux à feuilles caduques reçoivent leur taille, c'est-à-dire que le rameau qui a porté fleur est supprimé, pour faire place au jeune bois, qui fleurira l'été prochain.

Il faut avoir grand soin d'éviter que la neige fonde sous l'action du soleil sur les arbustes à feuilles persistantes, car le plus souvent, si les feuilles sont brûlées c'est à cette cause qu'il faut l'attribuer.

Quelques arbres et arbustes, tels que : le Sorbier, les Mespilus, le Buisson ardent, le Malus Bacchata, le Jasmin à fleur nue, viennent réjouir la vue avec leurs beaux fruits rouges. C'est une satisfaction dans une saison où la nature ne nous offre plus que quelques rares Roses de Bengale et des Roses de Noël.

SERRES ET ORANGERIE.

Nous ne saurions mieux faire que de rappeler les soins minutieux et journaliers du mois précédent, qui consistent à donner de l'air, tant que la température le permet et à maintenir la chaleur le plus également possible, soit au moyen du feu, soit au moyen des couvertures.

La serre tempérée nous offre pour meubler nos appartements, quelques Camélias précoces, des Erica gracilis et hiemalis, des Jacinthes romaines, des Tulipes duc de Tholl, des Primevères de la Chine, des Cyclamens de Perse, des Epiphyllum, etc., et bien d'autres plantes qui par leurs feuillages élégants où leur brillant coloris, attirent nos regards et font notre admiration.

Là, Messieurs, se termine le travail que je m'étais promis de vous soumettre, je vous remercie de l'attention soutenue que vous avez bien voulu apporter à mes lectures, et si pour ma part j'ai pu, avec cet écrit, contribuer à répandre dans notre localité le goût des connaissances pratiques de l'art horticole, ce sera pour moi la récompense la plus belle que je puisse ambitionner.

Rouen, le 14 décembre 1873.

NOTE

Sur le mode de composition et de fabrication de l'Engrais liquide de M. Dubus aîné.

Nous croyons être utile à nos lecteurs, en reproduisant ce que cet habile praticien annonçait dans une séance de la Société (16 mars 1873). Les résultats magnifiques qu'il obtient chaque année, prouvent parfaitement combien la composition de cet engrais est riche et puissant. Voici ce qu'il disait :

Je me sers d'une caisse beaucoup plus longue que large, d'environ 2 mèt. 80 de longueur, sur 1 mèt. de largeur, et d'une hauteur de 80 cent. à 1 mètre.

Je place un robinet à une extrémité. A cette extrémité je ménage, au moyen de cailloux ou de morceaux de bois superposés, un vide qui fasse réservoir, d'une contenance d'une dizaine de litres, au tour de l'orifice.

Ceci établi, je fais sur une longueur d'environ un mètre des lits de fumier court que je tasse le plus possible. J'emploie à cet effet des traverses en bois que je cloue à même la caisse à des hauteurs différentes, afin d'éviter que cette couche de fumier ne se soulève par la fermentation. L'épaisseur de cette couche doit être des 4/5 de la hauteur de la caisse.

Je remplis ensuite la partie restée libre de fumier bien imprégné et mêlé de crottin ; j'ajoute de la colle, de la colombine, des urines et des matières fécales, en un mot toute matière azotée et riche en principes fertilisants ; je mets de l'eau jusqu'à hauteur de la couche de fumier court, je laisse fermenter pendant huit ou dix jours et je m'en sers ensuite sans aucune crainte.

Lorsque la quantité obtenue diminue par l'emploi que j'en ai fait, il n'y a besoin que de renouveler les engrais concentrés, la caisse étant suffisamment préparée pour toute la durée de la végétation.

Les avantages qui résultent de cette manière de fabriquer sont d'empêcher l'engrais liquide ainsi obtenu, d'être chargé de petites parcelles d'engrais solide, dont le résultat inévitable serait de brûler les racines qu'elles rencontreraient. En effet l'engrais avant d'arriver dans le réservoir, est obligé de se filtrer dans la couche pressée de fumier court, ce qui fait qu'on n'a en réalité qu'une eau gazeuse complètement dégagée de toute matière solide.

Pour empêcher que la filtration ne se fasse trop promptement, j'ai soin d'incliner la caisse de façon à ce que la partie la plus élevée soit celle où est placé le robinet.

Voilà pourquoi je ne conseillerai jamais l'emploi de cuves ou de barriques, attendu que la filtration verticale s'opère trop vite.

Telles sont les données avec lesquelles chacun peut obtenir un engrais très-riche et de la plus parfaite inocuité pour les plantes les plus délicates.

Rouen. Imp. Léon Deshays.

www.ingramcontent.com/pod-product-compliance
Ingram Content Group UK Ltd.
Pitfield, Milton Keynes, MK11 3LW, UK
UKHW020410180726
13839UKWH00003B/1294

9 782329 512914